大数据管理与应用
新 形 态 精 品 教 材

Python

数据分析及应用

实验指导与习题解答

陈丽花 刘芬 肖平◎主编

胡丹 甘桔 邹绍武◎副主编

人民邮电出版社

北 京

图书在版编目（CIP）数据

Python 数据分析及应用实验指导与习题解答 / 陈丽花，刘芬，肖平主编. -- 北京：人民邮电出版社，2025. -- （大数据管理与应用新形态精品教材）.

ISBN 978-7-115-66122-7

Ⅰ．TP312.8

中国国家版本馆 CIP 数据核字第 2025TD1791 号

内 容 提 要

本书是主教材《Python 数据分析及应用》的实验指导与习题解答，是云南财经大学信息学院教师集体智慧的结晶。 本书分为两篇： 实验篇和习题解答篇。 其中，实验篇包含 11 个实验，分别是 Python 基础应用、基本数据类型、 程序的控制结构、 函数、 组合数据类型、 Python 文件操作、 pandas 数据分析、 Python 时间序列分析、 Python 可视化分析、 NumPy 科学计算、 Python 机器学习。 习题解答篇为主教材课后习题的参考答案，为读者答疑解惑。

本书可作为高等院校经济统计学、 金融数学、 会计学、 大数据管理与应用、 电子商务等专业相关课程的教材， 也可作为数据分析、 商业分析等方向从业人员的参考书。

◆ 主　编　陈丽花　刘芬　肖平
　　副主编　胡丹　甘桔　邹绍武
　　责任编辑　赵广宇
　　责任印制　胡南

◆ 人民邮电出版社出版发行　　北京市丰台区成寿寺路 11 号
　　邮编　100164　电子邮件　315@ptpress.com.cn
　　网址　https://www.ptpress.com.cn
　　三河市中晟雅豪印务有限公司印刷

◆ 开本：787×1092　1/16
　　印张：7　　　　　　　　　　2025 年 1 月第 1 版
　　字数：182 千字　　　　　　 2025 年 1 月河北第 1 次印刷

定价：39.80 元

读者服务热线：(010)81055256　印装质量热线：(010)81055316
反盗版热线：(010)81055315
广告经营许可证：京东市监广登字 20170147 号

前　言

在当今快速发展、不断创新的信息时代，计算机编程已经成为推动各个领域创新与进步的核心力量。而在众多编程语言中，Python 作为一门兼具简洁性、通用性与强大功能的编程语言，以其独特的魅力和强大的实用性脱颖而出，成为编程世界中一颗璀璨的星星。

本书是主教材《Python 数据分析及应用》的实验指导与习题解答，旨在为读者搭建一个系统且高效的 Python 学习平台。无论是毫无编程基础的读者，还是已经有一定编程经验、希望进一步深入探索 Python 的读者，都能在本书中找到有价值的内容。

本书从 Python 的基础语法开始，逐步引导读者掌握变量、数据类型、控制结构等核心概念。在这个过程中，本书注重理论与实践的紧密结合，每一个知识点都配有相应的实验，让读者在实际操作中深入理解 Python 编程的精髓。

本书的实验内容涵盖简单的数据处理到复杂的算法实现，以及对实际应用场景如数据分析、科学计算、人工智能等的初步探索。通过这些丰富多样的实验，读者不仅能够熟练掌握 Python 的编程技巧，更能培养解决实际问题的能力与创新思维。

编者希望本书能够成为读者在 Python 编程学习道路上的良师益友。本书不仅是一本传授知识的工具书，更是一个激发读者学习兴趣、培养读者编程思维的平台。在学习 Python 的过程中，读者可能会遇到各种困难和挑战，但只要坚持不懈，按照本书的实验步骤逐步探索，就一定能够掌握 Python 编程的核心技能，为未来的学习、工作和生活开启无限的可能。

本书分为两篇：第一篇实验篇为主教材《Python 数据分析及应用》的配套实验，每个实验包括实验目的、实验任务和实验解析，为读者理解章节的重点、难点内容提供了便利；第二篇习题解答篇为主教材《Python 数据分析及应用》配套的习题解答，详细解析每章的课后习题，可供读者参考。

本书由陈丽花、刘芬、肖平担任主编，由胡丹、甘桔、邹绍武担任副主编。本书的具体编写情况为：实验 1 Python 基础应用及第 1 章 Python 基础应用习题解答由胡丹编写；实验 2 基本数据类型及第 2 章基本数据类型习题解答由陈丽花编写；实验 3 程序的控制结构及第 3 章程序的控制结构习题解答由徐娟编写；实验 4 函数及第 4 章函数习题解答由廖秋筠编写；实验 5 组合数据类型及第 5 章组合数据类型习题解答由肖平编写；实验 6 Python 文件操作及第 6 章 Python 文件操作习题解答由沈湘芸编写；实验 7 pandas 数据分析及第 7 章 pandas 数据分析习题解答由邹绍武编写；实验 8 Python 时间序列分析及第 8 章 Python 时间序列分析习题解答由刘芬编写；实验 9 Python 可视化分析及第 9 章 Python 可视化分析习题解答由甘桔编写；实验 10 NumPy 科学计算及第 10 章 NumPy 科学计算习题解答由程国恒编写；实验 11 Python 机器学习及第 11 章 Python 机器学习习题解答由何锋编写。

本书的编写得到了云南财经大学各级领导的关心和支持，在此深表感谢！

在编写本书的过程中，编者参阅和引用了大量的网络资料和相关图书文献，对 Python 知识体系进行了系统的梳理，在此对相关作者表示衷心的感谢！

由于编者水平有限，书中难免存在不妥与疏漏之处，恳请广大读者批评指正。

编 者

2024 年 12 月

目　录

实验篇

实验 1　Python 基础应用 ………… 002

1.1　IDLE 的使用 ……………… 002

1.1.1　实验目的 ………………… 002

1.1.2　实验任务 ………………… 002

1.1.3　实验解析 ………………… 002

1.2　PyCharm 的使用 ………… 004

1.2.1　实验目的 ………………… 004

1.2.2　实验任务 ………………… 004

1.2.3　实验解析 ………………… 004

1.3　个人所得税计算器设计 ……… 007

1.3.1　实验目的 ………………… 007

1.3.2　实验任务 ………………… 007

1.3.3　实验解析 ………………… 007

实验 2　基本数据类型 ………… 010

2.1　数据类型、运算符和表达式 … 010

2.1.1　实验目的 ………………… 010

2.1.2　实验任务 ………………… 010

2.1.3　实验解析 ………………… 010

2.2　字符串 ………………… 012

2.2.1　实验目的 ………………… 012

2.2.2　实验任务 ………………… 012

2.2.3　实验解析 ………………… 013

实验 3　程序的控制结构 ……… 016

3.1　顺序结构的程序设计 ……… 016

3.1.1　实验目的 ………………… 016

3.1.2　实验任务 ………………… 016

3.1.3　实验解析 ………………… 016

3.2　选择结构的程序设计 ……… 017

3.2.1　实验目的 ………………… 017

3.2.2　实验任务 ………………… 017

3.2.3　实验解析 ………………… 018

3.3　循环结构的程序设计 ……… 019

3.3.1　实验目的 ………………… 019

3.3.2　实验任务 ………………… 019

3.3.3　实验解析 ………………… 019

实验 4　函数 ………………… 022

4.1　存钱计划 ………………… 022

4.1.1　实验目的 ………………… 022

4.1.2　实验任务 ………………… 022

4.1.3 实验解析 ·············· 022

4.2 身份证号码解析 ·············· **023**

4.2.1 实验目的 ·············· 023

4.2.2 实验任务 ·············· 023

4.2.3 实验解析 ·············· 023

实验 5 组合数据类型 ·············· **025**

5.1 商品价格统计 ·············· **025**

5.1.1 实验目的 ·············· 025

5.1.2 实验任务 ·············· 025

5.1.3 实验解析 ·············· 025

5.2 英文词频统计 ·············· **028**

5.2.1 实验目的 ·············· 028

5.2.2 实验任务 ·············· 028

5.2.3 实验解析 ·············· 028

5.3 中文词频统计 ·············· **029**

5.3.1 实验目的 ·············· 029

5.3.2 实验任务 ·············· 029

5.3.3 实验解析 ·············· 029

实验 6 Python 文件操作 ·············· **031**

6.1 文件操作 ·············· **031**

6.1.1 实验目的 ·············· 031

6.1.2 实验任务 ·············· 031

6.1.3 实验解析 ·············· 031

6.2 CSV 文件的操作 ·············· **032**

6.2.1 实验目的 ·············· 032

6.2.2 实验任务 ·············· 032

6.2.3 实验解析 ·············· 032

实验 7 pandas 数据分析 ·············· **034**

7.1 公司人事财务数据分析 ·············· **034**

7.1.1 实验目的 ·············· 034

7.1.2 实验任务 ·············· 034

7.1.3 实验解析 ·············· 034

**7.2 中国对外经济进出口总额数据
分析** ·············· **041**

7.2.1 实验目的 ·············· 041

7.2.2 实验任务 ·············· 041

7.2.3 实验解析 ·············· 042

7.3 股票数据分析 ·············· **045**

7.3.1 实验目的 ·············· 045

7.3.2 实验任务 ·············· 045

7.3.3 实验解析 ·············· 045

实验 8 Python 时间序列分析 ···**052**

8.1 时间的格式化处理 ·············· **052**

8.1.1 实验目的 ·············· 052

8.1.2 实验任务 ·············· 052

8.1.3 实验解析 ·············· 052

8.2 图书借阅记录分析 ·············· **054**

8.2.1 实验目的 ·············· 054

8.2.2 实验任务 ·············· 054

8.2.3 实验解析 ·············· 055

实验 9　Python 可视化分析 ······ 057

9.1　各年份人口数据分析 ·········· 057

9.1.1　实验目的 ··················· 057

9.1.2　实验任务 ··················· 057

9.1.3　实验解析 ··················· 057

9.2　全国热门旅游景点数据分析 ··· 061

9.2.1　实验目的 ··················· 061

9.2.2　实验任务 ··················· 061

9.2.3　实验解析 ··················· 062

实验 10　NumPy 科学计算 ······· 067

10.1　使用 NumPy 分析学生成绩
数据 ··················· 067

10.1.1　实验目的 ················· 067

10.1.2　实验任务 ················· 067

10.1.3　实验解析 ················· 067

10.2　使用 NumPy 对某保险产品
模型分析推算 ··············· 070

10.2.1　实验目的 ················· 070

10.2.2　实验任务 ················· 071

10.2.3　实验解析 ················· 071

10.3　使用 NumPy 分析股票
指标 ··················· 073

10.3.1　实验目的 ················· 073

10.3.2　实验任务 ················· 074

10.3.3　实验解析 ················· 074

实验 11　Python 机器学习 ······· 077

11.1　随机森林在决策树分类中的
应用 ··················· 077

11.1.1　实验目的 ················· 077

11.1.2　实验任务 ················· 077

11.1.3　实验解析 ················· 077

11.2　逻辑回归与不同特征组合的
分析 ··················· 079

11.2.1　实验目的 ················· 079

11.2.2　实验任务 ················· 079

11.2.3　实验解析 ················· 079

11.3　不同聚类算法的对比应用 ··· 082

11.3.1　实验目的 ················· 082

11.3.2　实验任务 ················· 082

11.3.3　实验解析 ················· 082

习题解答篇

第 1 章　Python 基础应用习题
解答 ··················· 087

第 2 章　基本数据类型习题
解答 ··················· 089

第 3 章　程序的控制结构习题
解答 ··················· 090

第 4 章　函数习题解答 ··············· 092

第 5 章　组合数据类型习题
解答……………………093

第 6 章　Python 文件操作习题
解答……………………095

第 7 章　pandas 数据分析习题
解答……………………096

第 8 章　Python 时间序列分析习题
解答……………………098

第 9 章　Python 可视化分析习题
解答……………………100

第 10 章　NumPy 科学计算习题
解答……………………101

第 11 章　Python 机器学习习题
解答……………………103

实验篇

实验 1
Python 基础应用

1.1　IDLE 的使用

1.1.1　实验目的

1. 掌握 Python 解释器的安装方法。
2. 掌握 IDLE（Integrated Development Enviroument，集成开发环境）常用功能。
3. 使用 IDLE 创建并运行 Python 程序。

1.1.2　实验任务

下载并安装 Python 3.12.3；在 IDLE 中创建并运行 Python 程序。

1.1.3　实验解析

Python 是一门解释型语言，运行 Python 代码，必须通过解释器来实现。

1. 在 Python 官网找到需要下载的版本，这里我们选择 Python 3.12.3，如图 1-1 所示。

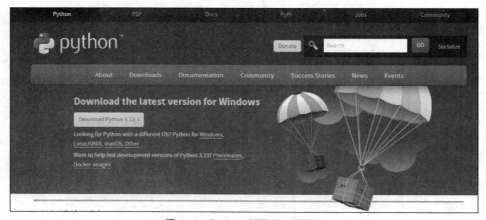

图 1-1　Python 解释器下载页面

2．下载完成后，打开下载文件所在的目录，双击下载的安装文件，进入 Python 解释器的安装界面，依次按照提示完成安装过程，如图 1-2 所示。

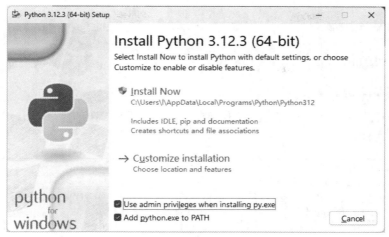

图 1-2　Python 解释器安装界面

3．安装完成后按 Win+R 键，在打开的对话框的文本框中输入"cmd"并单击"确定"按钮。在打开的窗口中输入 python 并按 Enter 键，如果显示图 1-3 所示的内容，说明 Python 解释器安装成功了。

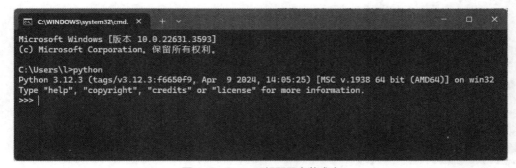

图 1-3　Python 解释器安装成功

4．找到新安装的 Python 3.12.3，运行 IDLE，进入 IDLE。

5．在">>>"提示符后输入代码 print("Hello，World!")并按 Enter 键，程序运行结果如图 1-4 所示。

```
Python 3.12.3 (tags/v3.12.3:f6650f9, Apr  9 2024, 14:05:25)
[MSC v.1938 64 bit (AMD64)] on win32
Type "help", "copyright", "credits" or "license()" for more
information.
>>> print("Hello, World!")
Hello, World!
>>>
```

图 1-4　Python 的 IDLE

6. 在 IDLE 中选择"File"→"New File",在打开的窗口中输入以下代码,功能是输入一个正整数 N,计算从 1 到 N(包含 1 和 N)累加的和。

程序示例:

```
n=input("请输入一个正整数 N: ")
s=0
for i in range(int(n)):
    s+=i+1
print ("1 到 N 累加的和为: ", s)
```

7. 选择"File"→"Save",把这个文件保存为 s1.1,选择"Run"→"Run Module",程序运行结果如图 1-5 所示。

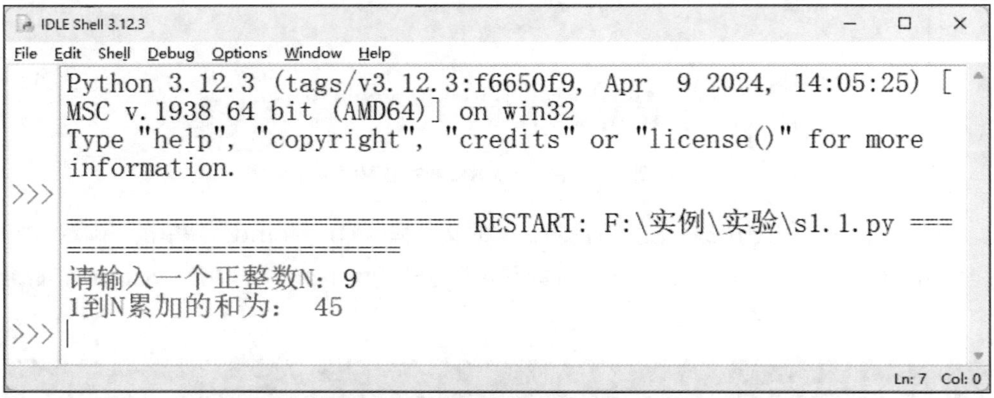

图 1-5 实例 s1.1 程序运行结果

1.2 PyCharm 的使用

1.2.1 实验目的

1. 掌握 PyCharm 开发环境的安装方法。
2. 掌握 PyCharm 开发环境的配置方法。
3. 掌握 PyCharm 项目创建和代码运行的方法。

1.2.2 实验任务

下载并安装 PyCharm 开发环境;配置 PyCharm 开发环境;使用 PyCharm 创建项目和运行代码。

1.2.3 实验解析

PyCharm 是另外一种更加高效、智能的 Python IDLE,具有智能代码补全、实时错误检查和快速修复等功能。

1．进入官网下载页面，下载 PyCharm 安装程序，如图 1-6 所示。

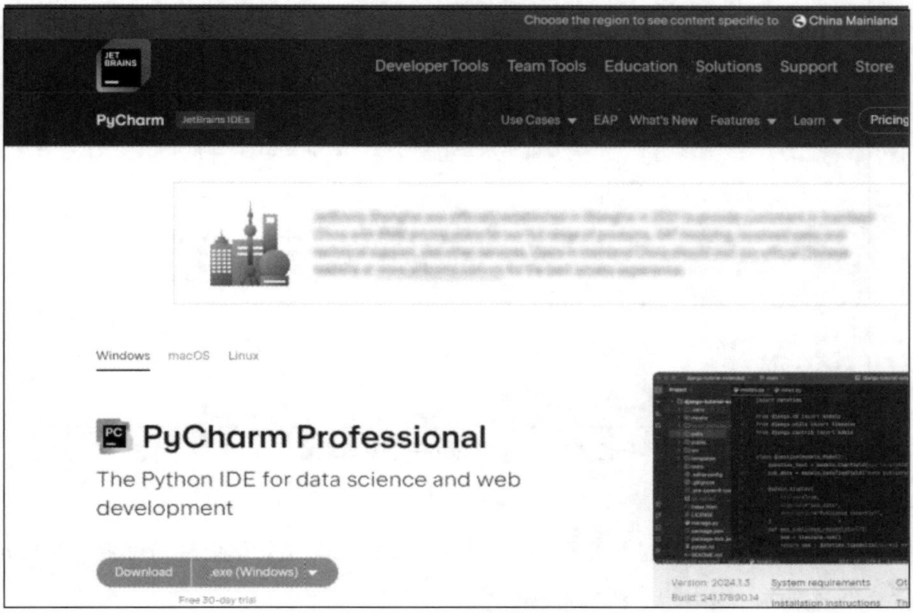

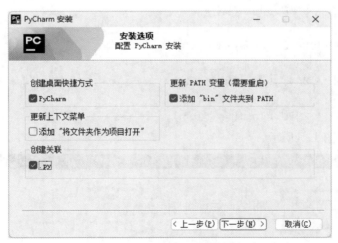

图 1-6　PyCharm 官网下载页面

2．下载完成后，打开下载文件所在的目录，双击下载的安装文件，进入图 1-7 所示的安装界面，依次按照提示完成安装过程。

图 1-7　PyCharm 安装界面

3．安装成功后，需要在 PyCharm 的官网注册认证 JetBrains 账号，获得离线的 Activation Code（激活码）之后就可以免费使用专业版。

4．配置 PyCharm 开发环境。单击右上角的齿轮按钮，单击 theme 修改主题颜色（默认为黑色），这里改成了 Light。还可以选择"File"→"Settings"来进行字体大小、颜色方案等外观设置，也可以设置键盘快捷键、代码风格、版本控制和插件等，如图 1-8 所示。

5．创建 s1.2.py 文件，之后就可以在里面编辑代码了。单击右上角的绿三角图标就可以运行代码。

图 1-8　PyCharm 开发环境配置

程序示例:

超市促销, 购物达 300 元以上, 享受 95 折优惠; 500 元以上, 享受 9 折优惠; 800 元以上, 享受 8 折优惠。编写程序, 输入购物款, 输出优惠价格。

```python
pay = float(input("请输入购物款: "))
if pay < 0:
    print("输入错误")
elif pay <= 300:
    print("你需要付: {:.2f}元".format(pay))
elif pay <= 500:
    print("你需要付: {:.2f}元".format(pay * 0.95))
elif pay <= 800:
    print("你需要付: {:.2f}元".format(pay * 0.9))
else:
    print("你需要付: {:.2f}元".format(pay * 0.8))
```

程序运行结果如图 1-9 所示。

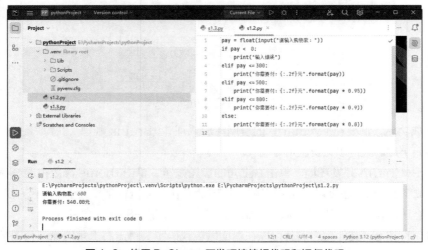

图 1-9　使用 PyCharm 开发环境编辑代码和运行代码

1.3　个人所得税计算器设计

1.3.1　实验目的

1．掌握利用计算机进行问题求解及程序设计的基本方法。

2．掌握 Python 的基本语法元素，包括缩进和对齐、注释、变量与命名、保留字、运算符与表达式、赋值、基本输入与输出等，了解分支语句、while 循环语句以及函数的简单应用。

1.3.2　实验任务

根据最新税法规定，居民个人的综合所得，以每一纳税年度的收入额减除 6 万元（起征点为每月5000 元）以及专项扣除、专项附加扣除和依法确定的其他扣除后的余额为应纳税所得额。

个人综合所得适用 7 级超额累进税率，即把征税对象的数额划分为若干等级，对每个等级部分的数额分别规定相应税率，分别计算税额，各级税额之和为应纳税额。也就是说，征税对象数额超过某一等级时，仅就超过部分，按高一级的税率计算征税额。因此，通常应交所得税计算公式为：

应交所得税=应纳税所得额×适用税率−速算扣除数

其中，速算扣除数是按全额累进方法计算出的税额比按超额累进方法计算出的税额多的部分，即有重复计算的部分，如图 1−10 所示。

级数	全年应纳税所得额	税率	速算扣除数
1	不超过36000元的部分	3%	0
2	超过36000至144000元的部分	10%	2520
3	超过144000至300000元的部分	20%	16920
4	超过300000至420000元的部分	25%	31920
5	超过420000至660000元的部分	30%	52920
6	超过660000至960000元的部分	35%	85920
7	超过960000的部分	45%	181920

图 1−10　个人所得税税率及速算扣除数

编写程序，设计个人所得税计算器，用户输入全年综合所得以及全年各项扣除之和后，能计算出全年应纳税额和全年税后收入。

1.3.3　实验解析

1. 分析问题

分析哪些问题属于计算问题，可以用计算的方法来解决。在此问题中，个人应纳税所得额可以和某些数值进行大小的比较，即进行关系运算，以此来判断应采用何种税率和速算扣除数，从而计算出应纳税额。

2. 确定输入、处理、输出

此问题的输入是个人全年综合所得和全年各项扣除之和，处理阶段进行应纳税所得额的比较和判断采用何种税率和速算扣除数，输出全年应纳税额和全年税后收入。

3. 设计算法

首先利用 input() 函数获得个人全年综合所得和全年各项扣除之和，注意，这里需要用 float() 函数把字符型的值转换成数值型（小数）；再计算出应纳税所得额；然后利用 if-elif-else 语句进行应纳税所得额的比较，判断采用何种税率和速算扣除数；最后利用 print() 函数输出全年应纳税额和全年税后收入。程序的外层使用 while 循环语句实现多次个人全年综合所得的输入和全年应纳税额的计算。

4. 编写程序

程序示例:

```
year_income = input("请输入全年综合所得: ")
while year_income!="#":
    year_income = float(year_income)
    print("各项扣除之和是指专项扣除、专项附加扣除和依法确定的其他扣除之和")
    reduce_amt = float(input("请输入全年各项扣除之和: "))
    tax_income = year_income - reduce_amt - 60000
    if tax_income < 0:
        print("不用缴纳个人所得税! ")
        year_income = input("请输入全年综合所得: ")
        continue
    elif tax_income <= 36000:
        tax_rate, deduction = 0.03, 0
    elif tax_income <= 144000:
        tax_rate, deduction = 0.1, 2520
    elif tax_income <= 300000:
        tax_rate, deduction = 0.2, 16920
    elif tax_income <= 420000:
        tax_rate, deduction = 0.25, 31920
    elif tax_income <= 660000:
        tax_rate, deduction = 0.30, 52920
    elif tax_income <= 960000:
        tax_rate, deduction = 0.35, 85920
    else:
        tax_rate, deduction = 0.45, 181920
    user_tax = tax_income * tax_rate - deduction
    print("全年应纳税额为: {:.2f}元\n 全年税后收入为: {:.2f}元".format(user_tax, year_income - user_tax))
    year_income = input("请输入全年综合所得: ")
```

5. 运行与调试程序

在 IDLE 中输入程序，并反复多次运行与调试程序，改正程序中的错误，直到程序得到正确的结果。

程序运行结果如图 1-11 所示。

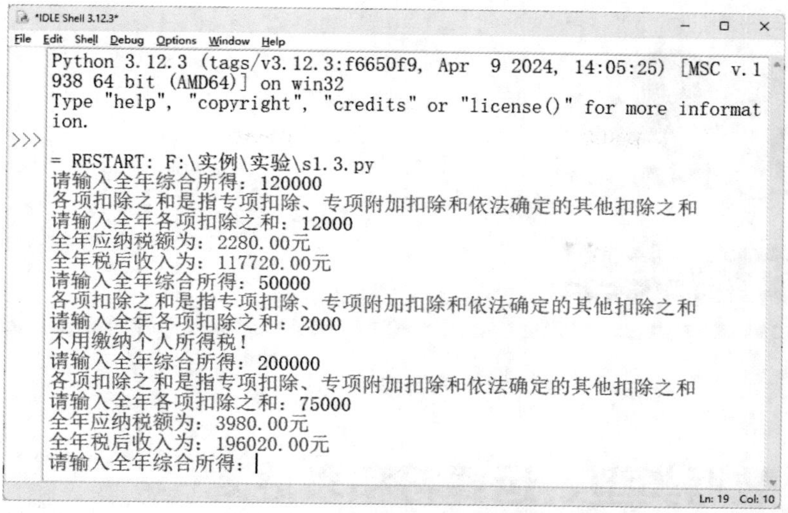

图 1-11　实例 s1.3 程序运行结果

实验 2
基本数据类型

2.1 数据类型、运算符和表达式

2.1.1 实验目的

1. 掌握 Python 的数据类型及数据类型变量的赋值方法。
2. 掌握 Python 的各种运算符以及运算表达式。
3. 掌握 Python 标准输入和输出函数的用法。

2.1.2 实验任务

1. 使用 print() 函数输出两行文字。
2. 把浮点数 122.467 分成整数部分 122 和小数部分 0.467 并输出。
3. 移动交换 3 个数值。
4. 输入一个 3 位整数 847，将其个位数、十位数和百位数反序后，得到一个新的整数 748 并输出。
5. 闰年的判定规则是：年份是 400 的倍数，或年份是 4 的倍数但不是 100 的倍数。请输入一个年份，判断并输出该年份是否为闰年。

2.1.3 实验解析

任务 1：使用 print() 函数输出两行文字。
程序示例：

```
print('校训：好学笃行，厚德致远。\n 校风：求实创新。')
```

程序运行结果如图 2-1 所示。

```
IDLE Shell 3.12.3                                    —    □    ×
File  Edit  Shell  Debug  Options  Window  Help
Python 3.12.3 | packaged by Anaconda, Inc. | (main, Sep 11 2023, 13:26:23) [MSC
v.1916 64 bit (AMD64)] on win32
Type "help", "copyright", "credits" or "license()" for more information.
>>> print('校训：好学笃行，厚德致远。\n 校风：求实创新。')
校训：好学笃行，厚德致远。
 校风：求实创新。
>>>
```

图 2-1　程序运行结果

任务 2：把浮点数 122.467 分成整数部分 122 和小数部分 0.467 并输出。

程序示例：

```
num=122.467
print("整数部分为："+str(int(num)))
print("小数部分为："+str(num-int(num)))
```

程序运行结果如图 2-2 所示。

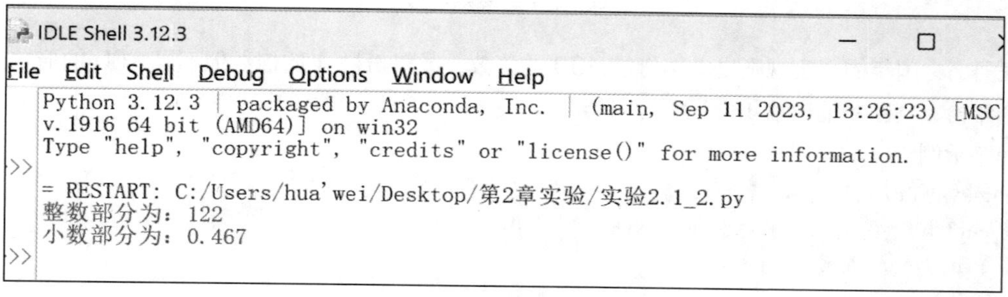

图 2-2　程序运行结果

任务 3：移动交换 3 个数值。

程序示例：

```
a,b,c=123,456,789
a,b=b,a
b,c=c,b
print("a="+str(a)+",b="+str(b)+",c="+str(c))
```

程序运行结果如图 2-3 所示。

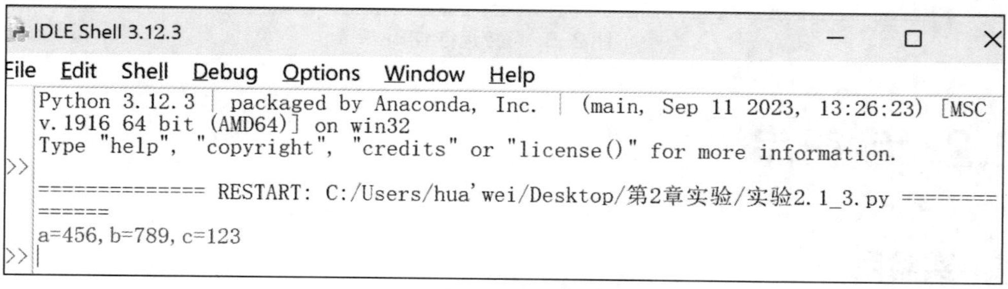

图 2-3　程序运行结果

任务 4：输入一个 3 位整数 847，将其个位数、十位数和百位数反序后，得到一个新的整数 748 并输出。

程序示例：

```
num=int(input("请输入一个整数 num:"))
a=num%10              #求个位数
b=num//10%10          #求十位数
c=num//100%10         #求百位数
m=a*100+b*10+c        #得到反序后的 3 位整数
print("反序后的 3 位整数是：",m)
```

程序运行结果如图 2-4 所示。

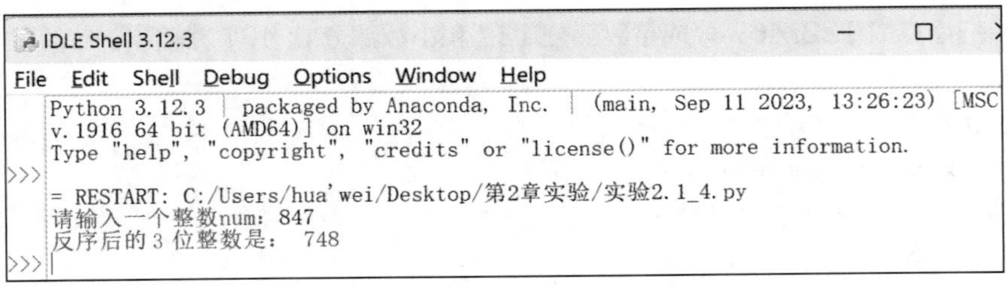

图 2-4　程序运行结果

任务 5：闰年的判定规则是：年份是 400 的倍数，或年份是 4 的倍数但不是 100 的倍数。请输入一个年份，判断并输出该年份是否为闰年。

程序示例：

```
year=eval(input("请输入一个年份："))
if year%400==0 or(year%4==0)and (year%100!=0):
    print(year,"是闰年！")
else:
    print(year,"不是闰年！")
```

程序运行结果如图 2-5 所示。

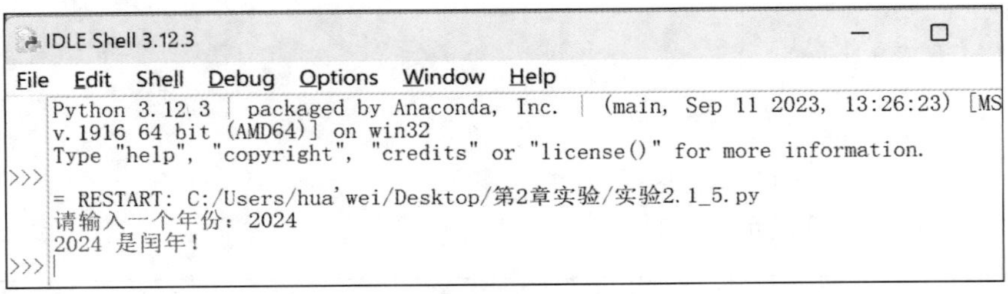

图 2-5　程序运行结果

2.2　字符串

2.2.1　实验目的

1．掌握 Python 字符串的处理方法。
2．掌握 Python 字符串的常见表示方法及转义字符的使用。
3．掌握 Python 字符串的索引和切片的用法。
4．掌握 Python 字符串的常用函数。

2.2.2　实验任务

1．字符串 s 中保存了《论语》中的一句话，请编程统计 s 中的汉字和标点符号的个数。

```
s="学而时习之，不亦说乎？有朋自远方来，不亦乐乎？人不知而不愠，不亦君子乎？"
```

2．回文串是指这个字符串无论是从左读还是从右读，都是相同的。请编写一个程序，接收用户输入的一个字符串，然后判断它是否为回文串。

3．中英文词语分离。已知一个字符串包含多组英文字符和中文字符，它们交错出现。请将中文字符与英文字符分开，并分别将中文字符连接后输出，将英文字符连接后输出，要求词之间以空格分隔。

4．求解最长公共子串。要求输入两个字符串，求两个字符串的最长公共子串。

2.2.3　实验解析

任务 1：字符串 s 中保存了《论语》中的一句话，请编程统计 s 中的汉字和标点符号的个数。

s="学而时习之，不亦说乎？有朋自远方来，不亦乐乎？人不知而不愠，不亦君子乎？"

程序示例：

```
s="学而时习之，不亦说乎？有朋自远方来，不亦乐乎？人不知而不愠，不亦君子乎？"
a=s.count("，")+s.count("？")
b=len(s)-a
print("汉字的个数为{}，标点符号的个数为{}。".format(b,a))
```

程序运行结果如图 2-6 所示。

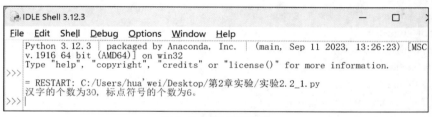

图 2-6　程序运行结果

任务 2：回文串是指这个字符串无论是从左读还是从右读，都是相同的。请编写一个程序，接收用户输入的一个字符串，然后判断它是否为回文串。

程序示例：

```
m=input("请输入一个字符串：")
n=m[::-1]
if m==n:
    print("%s 是回文串"%m)
else:
    print("%s 不是回文串"%m)
```

程序运行结果如图 2-7 所示。

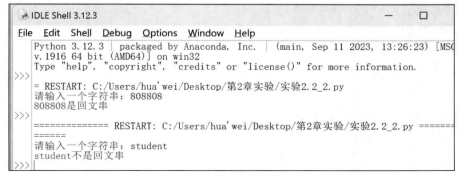

图 2-7　程序运行结果

任务 3：中英文词语分离。已知一个字符串包含多组英文字符和中文字符，它们交错出现。请将中文字符与英文字符分开，并分别将中文字符连接后输出，将英文字符连接后输出，要求词之间以空格分隔。

首先，对于这个问题，我们需要逐个遍历给定字符串中的字符。在遍历过程中，我们需要判断每个字符是中文字符还是英文字符。中文字符可以通过 Unicode 编码范围来确定，一般中文字符的编码范围为 '\u4e00' 到 '\u9fff'。

其次，分别使用两个变量来存储当前正在累积的中文字符串和英文字符串。当遇到中文字符时，如果之前正在累积英文字符串，就先将其保存起来，然后开始累积中文字符串；反之，当遇到英文字符时，如果之前正在累积中文字符串，就先将其保存起来，然后开始累积英文字符串。

最后，将累积的中文字符串和英文字符串分别输出，并且每个词之间用空格分隔。

程序示例：

```python
def separate_words(text):
    chinese_words = []
    english_words = []
    current_chinese = ""
    current_english = ""
    for char in text:
        if '\u4e00' <= char <= '\u9fff':  # 判断是否为中文字符
            if current_english:
                english_words.append(current_english)
                current_english = ""
            current_chinese += char
        else:
            if current_chinese:
                chinese_words.append(current_chinese)
                current_chinese = ""
            current_english += char
    if current_chinese:
        chinese_words.append(current_chinese)
    if current_english:
        english_words.append(current_english)
    return " ".join(chinese_words), " ".join(english_words)


text = "你好hello 世界world China中国"
print(separate_words(text))
```

程序运行结果如图 2-8 所示。

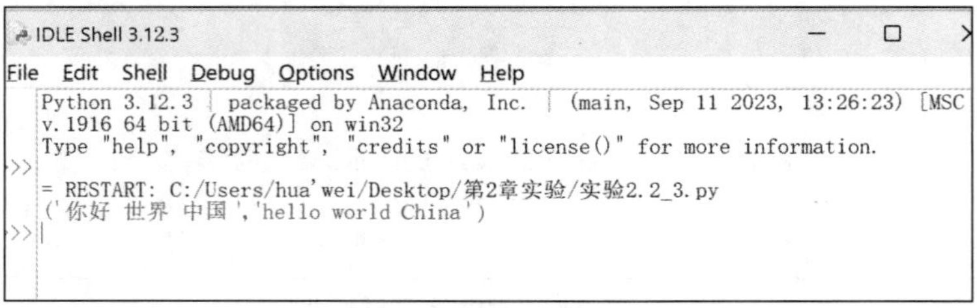

图 2-8　程序运行结果

任务4：求解最长公共子串。要求输入两个字符串，求两个字符串的最长公共子串。

要求最长公共子串，应先分别列出两个字符串的所有子串，然后看哪些子串是公有的，再记录下最长的子串。要求一个字符串的所有子串，可以先找从第0个字符开始的所有子串，再找从第1个字符开始的所有子串，以此类推。对每一个子串可以使用x in s判断x是否为s的子串，如果是，就计算其长度，如果其比当前的公共子串长，就将其保存下来。

程序示例：

```python
s1=input("字符串1：")
s2=input("字符串2：")
r=""                                #r存放最长公共子串
m=0                                 #m为最长公共子串的长度
for i in range(0,len(s2)):          #控制子串的起始位置，第1个起始位置为0
    for j in range(i+1,len(s2)+1):  #控制子串的结束位置
        if s2[i:j] in s1 and m<j-i: #判断s2中[i:j]的子串是否在s1中，且较长
            r=s2[i:j]               #是，保存子串及其长度
            m=j-i                   #设m为新子串的长度
print("最长公共子串：",r)
```

程序运行结果如图2-9所示。

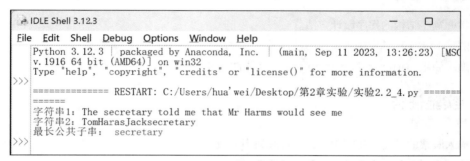

图2-9　程序运行结果

实验 3
程序的控制结构

▌ 3.1 顺序结构的程序设计

3.1.1 实验目的

1．掌握顺序结构的程序设计方法。
2．熟悉 Python 基本输入输出方法。
3．熟悉使用 Jupyter Notebook 编写代码的方法。

3.1.2 实验任务

1．输入股票的开盘价和收盘价，计算股票当天收益。
2．输入景区两天的客流量，计算景区这两天的平均客流量。
3．交换两个商品的价格。

3.1.3 实验解析

顺序结构的程序设计是最简单的，只要按照解决问题的顺序写出相应的语句就行，它的执行顺序是自上而下，依次执行。

任务 1：输入股票的开盘价和收盘价，计算股票当天收益。

（1）使用 input()函数输入股票的开盘价和收盘价，并且用 eval()函数将其转换为数值类型。

（2）计算股票当天收益。

（3）使用 print()函数输出股票当天收益。

程序示例：

```
a=eval(input("股票的开盘价: "))
b=eval(input("股票的收盘价: "))
s=b-a
print("股票当天收益是{}".format(s))
```

程序运行结果略。

任务 2：输入景区两天的客流量，计算景区这两天的平均客流量。

（1）提示用户输入景区第 1 天的客流量。

（2）提示用户输入景区第 2 天的客流量。

（3）对两个数字进行相加，并且除以天数 2。

（4）输出景区这两天的平均客流量。

程序示例：

```
num1=eval(input("请输入景区第 1 天的客流量："))
num2=eval(input("请输入景区第 2 天的客流量："))
avg=(float(num1)+float(num2))/2
print("景区这两天的平均客流量是{:.1f}".format(avg))
```

程序运行结果略。

任务 3：交换两个商品的价格。

在 Python 中，交换变量的值非常简单，不需要像其他编程语言那样使用临时变量或者额外的数据结构。Python 提供了一种简洁的方法来交换两个变量的值，即使用 temp = a，a = b，b = temp 这样的语句。

（1）提示用户输入商品的价格。

（2）交换两个商品的价格。

程序示例：

```
a = eval(input("请输入商品 1 的价格："))
b = eval(input("请输入商品 2 的价格："))
print("交换前：a =", a, "b =", b)

a, b = b, a
print("交换后：a =", a, "b =", b)
```

程序运行结果略。

3.2　选择结构的程序设计

3.2.1　实验目的

1．掌握单分支、二分支和多分支选择结构的程序设计方法。

2．熟悉使用 Jupyter Notebook 编写代码的方法。

3.2.2　实验任务

1．判断股票收益是正数、负数还是零。

2．判断输入数的奇偶性并输出结果。

3．编写程序，要求输入 3 个商品的价格，按从低到高的价格输出。

3.2.3 实验解析

任务 1：判断股票收益是正数、负数还是零。

正数、负数或零的判断非常简单，只需要判断这个数是大于零、小于零或者等于零。由于判断的条件大于两个，这里我们使用 if-elif-else 判断。

（1）输入股票买入价。

（2）输入股票卖出价。

（3）计算股票收益。

（4）判断大于零是正数，等于零是零，小于零是负数。

程序示例：

```
buy= float(input("请输入股票买入价："))
sell= float(input("请输入股票卖出价："))
num=sell-buy
if num > 0:print("正数")
elif num == 0:print("零")
else:print("负数")
```

程序运行结果略。

任务 2：判断输入数的奇偶性并输出结果。

（1）输入一个数字。

（2）数字除 2 并取余数，余数等于 0 则是偶数，余数等于 1 则是奇数。

程序示例：

```
# 输入一个整数
num = int(input("请输入一个整数："))
# 判断奇偶性并输出结果
if num % 2 == 0:print("这是一个偶数！")
else:print("这是一个奇数！")
```

程序运行结果略。

任务 3：编写程序，要求输入 3 个商品的价格，按从低到高的价格输出。

（1）使用 input() 函数输入 3 个商品的价格，分别存储在 3 个变量中，并且用 float() 函数将输入的价格转换为浮点数。

（2）比较 a、b 两个商品价格的大小，将大的数值存储在 b 中，将小的数值存储在 a 中。

（3）将存储在 a 中小的数值与 c 比较，小的数值存储在 a 中。

（4）将存储在 b 中大的数值与 c 比较，大的数值存储在 c 中。

（5）按从小到大的顺序输出 a、b、c。

程序示例：

```
a=float(input('a = '))
b=float(input('b = '))
c=float(input('c = '))
if a > b: a, b = b, a
if a > c: a, c = c, a
```

```
if b > c: c, b = b, c
print("3 个商品从低到高的价格是: ", a, b, c)
```

程序运行结果略。

3.3　循环结构的程序设计

3.3.1　实验目的

1．掌握循环结构 for 语句和 while 语句的使用方法。

2．掌握程序异常处理的方法。

3．熟悉使用 Jupyter Notebook 编写代码的方法。

3.3.2　实验任务

1．输出指定范围的素数。

2．输出所有的 3 位水仙花数，其各位数字的立方和等于该数本身。

3．生成一个指定长度的随机密码。用户输入一个数字 n，生成一个包含大小写字母和数字的随机密码，长度为 n。

4．统计字符串中的字符。

5．使用异常处理玩猜数字游戏。随机生成 1～100 的整数，比较用户输入和计算机生成的随机数，如果相等，用户猜中数字。如果输入非数值，提示并处理异常。

3.3.3　实验解析

任务 1：输出指定范围的素数。

（1）提示用户输入指定的范围，分别是范围的最小值和最大值。

（2）使用 for 循环在指定范围内进行循环。

（3）由于满足素数的条件是只能被 1 和自身整除，所以可以使用 if 语句判断是否能整除，如果能，则输出素数。

程序示例：

```
lower = int(input("输入区间最小值: "))
upper = int(input("输入区间最大值: "))
for num in range(lower, upper + 1):
# 素数大于 1
    if num > 1:
        for i in range(2, num):
            if (num % i) == 0: break
        else: print(num)
```

程序运行结果略。

任务 2：输出所有的 3 位水仙花数，其各位数字的立方和等于该数本身。

（1）设置变量 num1 存储 3 位数的初值 100，设置变量 sum1 存储这个 3 位数的各位数字的立方和。

（2）num1//100 可以得到百位上的数字，(num1 % 100) // 10 可以得到十位上的数字，num1 % 10 可以得到个位上的数字。

（3）循环开始，如果 num1<1000，比较 num1 和 sum1 是否相等，如果相等，num1 为 3 位水仙花数；如果不相等，num1 加 1，继续比较下一个 num1 和其各位数字的立方和。

程序示例一：

```
num1 = 101
sum1 = 0
while num1 < 1000:
    sum1 = (num1//100)**3 + ((num1%100)//10)**3 + (num1%10)**3
    if sum1 == num1:
    print(sum1 ,end="   "))
num1 += 1
```

程序运行结果略。

程序示例二：

```
sum1= 0
for i in range(100,1000):
    sum1 = (i // 100) ** 3 + ((i % 100) // 10) ** 3 + (i % 10) ** 3
    if sum1 == i:
        print(i,end="   "))
```

程序运行结果略。

任务 3：生成一个指定长度的随机密码。用户输入一个数字 n，生成一个包含大小写字母和数字的随机密码，长度为 n。

（1）引入随机库中的函数生成随机密码。

（2）输入一个密码长度数字 n。

（3）生成一个包含大小写字母和数字、长度为 n 的随机密码。

程序示例：

```
import random
n=int(input("请输入密码的长度: "))
characters="abcdefghijklmnopqrstuvwxyzABCDEFGHIJKLMNOPQRSTUVWXYZ0123456789"
password=''
for i in range(n):
    password= password+''.join(random.choice(characters))
print('password:',password)
```

程序运行结果略。

任务 4：统计字符串中的字符。

（1）提示用户输入字符串。

（2）声明 4 个变量，分别用于统计英文字母、空格、数字和其他字符的个数。

（3）使用 for 循环遍历字符串中的字符，使用 if 语句判断遍历的字符满足哪个条件，如果满足条件，则对应的变量加 1。

程序示例:

```
str=input("请输入一个字符串: ")
letters = 0
space = 0
digit = 0
others = 0
for c in str:
    if c.isalpha():letters += 1
    elif c.isspace():space += 1
    elif c.isdigit():digit += 1
    else: others += 1
print("字符串共有{}个英文字母, {}个空格, {}个数字, {}个其他字符
        ".format(letters, space, digit, others))
```

程序运行结果略。

任务 5: 使用异常处理玩猜数字游戏。随机生成 1~100 的整数, 比较用户输入和计算机生成的随机数, 如果相等, 用户猜中数字。如果输入非数值, 提示并处理异常。

(1) 设置用户猜中数字标志为 True, 循环开始。

(2) 引入 random 库的 randint() 函数, 随机生成 1~100 的整数。

(3) 使用 input() 函数输入一个数, 并且用 int() 函数将其转换为整型。如果输入非数值, 提示并处理异常。

(4) 比较用户输入和计算机生成的随机数, 如果相等, 设置用户猜中数字标志为 True, 循环结束; 如果不相等, 提示比较大小。

程序示例:

```
import random
flag = False
result = random.randint(1, 101)
while (flag == False):
    try:
        number = int(input('Input your number:'))
        if number == result:
            print('You win')
            flag = True
        elif number > result:
            print('You have big number!')
        else:
            print('You have small number!')
    except:
        print('Please input integer!')
```

程序运行结果略。

实验 **4**

函数

4.1 存钱计划

4.1.1 实验目的

1．掌握 Python 的 math 库、datetime 库的引用方法。
2．掌握函数的定义及调用方法。

4.1.2 实验任务

某大学生给自己制订了一个存钱计划，首先设定第一周存入的金额，以后的每周存入额都在上周存入基础上递增一个固定数额，用 Python 编写函数，计算并列出每周存款金额及 n 周后的累计存款金额。

4.1.3 实验解析

解决这个问题的关键在于累计求和，计算出每周存款金额以及 n 周后的累计存款金额。用 desposit_list 列表记录每周存款金额，并通过调用 append() 函数将新一周的存款金额追加记录到之前的列表里。

程序示例：

```
import math
from datetime import datetime
# 计算 n 周内的存款金额
def  n_weeks_desposit(week_desposit, increase_money, total_week):
    desposit_list=[]            # 记录每周存款金额的列表
    for i in range(total_week):
        desposit_list.append(week_desposit)
        saving=math.fsum(desposit_list)        #对列表里的每周存款金额进行求和
        print('第{}周，存入{}元，账户累计{}元'.format(i + 1, week_desposit, saving))
        week_desposit+=increase_money
```

```
        return  desposit_list
def    main ():
    now=datetime. now ()
    print ("今天是 {0:%Y} 年 {0:%m} 月 {0:%d} 日，从现在开始攒钱！".format (now))
    week_desposit=float (input ('请输入第一周存入的金额：'))
    increase_money=float (input ('请输入每周递增的金额：'))
    total_week=int (input ('请输入总周数：'))
    desposit_list=n_weeks_desposit (week_desposit, increase_money, total_week)
if __name__ == '_main__':
    main ()
```

程序运行结果略。

4.2　身份证号码解析

4.2.1　实验目的

1. 掌握函数的定义及调用方法。
2. 掌握 lambda () 函数的语法格式。

4.2.2　实验任务

根据输入的身份证号码，解析出对应的出生日期、性别、生肖以及星座。

4.2.3　实验解析

中国的居民身份证号码有 18 位，包括地址码、出生日期码、顺序码和校验码。地址码占前 6 位，出生日期码占第 7 位至 14 位，顺序码占第 15 位至 17 位（奇数分配给男性，偶数分配给女性），第 18 位是校验码，用于校验身份证号码的正确性。对身份证号码进行切片处理，根据编码解析出对应的含义。

程序示例：

```
ID=input ("请输入身份证号码：")
if len (ID) ==18:
    print ("您输入的身份证号码是："+ID)
else:
    print ("您输入的身份证号码有误，请重新输入：")
    ID=input ("请输入身份证号码：")
bir=ID [6:14]
gender=ID [16:17]
zodiac="猴鸡狗猪鼠牛虎兔龙蛇马羊"
def getbirth (n):
    year=n [0:4]
    mon=n [4:6]
```

```
        day=n[6:]
        y=int(year)%12
        print("出生日期为: "+year+"年"+mon+"月"+day+"日")
        print("生肖为: ",zodiac[y])
def getsex(n):
    if int(n)%2==0:
        print("性别为: 女")
    else:
        print("性别为: 男")
def getsign(n):
    month=int(n[4:6])
    day=int(n[6:8])
    n=("摩羯座","水瓶座","双鱼座","白羊座","金牛座","双子座","巨蟹座",\
        "狮子座","处女座","天秤座","天蝎座","射手座")
    d=((1,20),(2,19),(3,21),(4,21),(5,21),(6,22),(7,23),(8,23),(9,23),(10,24),(11,23),\(12,22))
    m=n[len(list(filter(lambda y:y<(month,day),d)))%12]
    print("星座为: ",m)
getbirth(bir)
getsex(gender)
getsign(bir)
```

程序运行结果略。

实验 5

组合数据类型

>>

5.1 商品价格统计

5.1.1 实验目的

1．掌握列表的基本操作。

2．掌握字典的基本操作。

5.1.2 实验任务

1．以列表的方式输入不同的商品价格，修改、插入、删除商品价格，计算商品总价格、平均价格、最高价格、最低价格，按商品价格进行排序（默认为升序排列），查询价格最高的 3 个商品和价格最低的 3 个商品。

2．以字典的方式输入不同的商品价格，计算商品总价格、平均价格、最高价格、最低价格，按商品价格进行降序排列。

5.1.3 实验解析

任务 1：以列表的方式输入不同的商品价格，修改、插入、删除商品价格，计算商品总价格、平均价格、最高价格、最低价格，按商品价格进行排序（默认为升序排列），查询价格最高的 3 个商品和价格最低的 3 个商品。

（1）使用 input() 函数输入商品价格，并用 float() 函数将其转换为浮点型，追加到列表中。

（2）修改、插入、删除商品价格。

（3）计算商品总价格、平均价格、最高价格、最低价格。

（4）按商品价格进行排序。

（5）查询价格最高的 3 个商品和价格最低的 3 个商品。

程序示例：

```
#定义一个空列表
```

```
prices= []
#输入商品价格,将商品价格追加到列表中。输入 N 退出
while True:
    price=input("请输入商品价格(输入 N 退出): ")
    if (price=="N" or price=="n"): break
    else:prices. append (float (price))
print("商品价格是", prices)
#修改商品价格
i=input("要修改第几个商品价格(输入 N 不修改): ")
if (i=="N" or i=="n"): pass
else:
    price=input("修改的商品价格是多少: ")
    prices [int (i)] =float (price)
    print("修改后商品价格是", prices)
#插入商品价格
i=input("要插入第几个商品价格(输入 N 不插入): ")
if (i=="N" or i=="n"): pass
else:
    price=input("插入的商品价格是多少: ")
    prices. insert (int (i), float (price))
    print("插入后商品价格是", prices)
#删除商品价格
i=input("要删除第几个商品价格(输入 N 不删除): ")
if (i=="N" or i=="n"): pass
else:
    prices. pop (int (i))
    print("删除后商品价格是", prices)
# 计算所有商品的总价格
sum_price = sum (prices)
print("总价格: ", sum_price)
# 计算所有商品的平均价格
average_price = sum (prices) /len (prices)
print("平均价格: ", average_price)
# 计算所有商品的最高价格
max_price = max (prices)
print("最高价格: ", max_price)
# 计算所有商品的最低价格
min_price = min (prices)
print("最低价格: ", min_price)
# 商品价格排序
sorted_price=sorted (prices) #排序函数,默认为升序排列
print("商品价格排序是", sorted_price)
print("商品价格最高的 3 个是", sorted_price [-3:])
print("商品价格最低的 3 个是", sorted_price [0:3])
```

程序运行结果略。

任务 2:以字典的方式输入不同的商品价格,计算商品总价格、平均价格、最高价格、最低价格,

按商品价格进行降序排列。

（1）以字典的方式输入不同的商品价格。

（2）计算商品总价格、平均价格、最高价格、最低价格。

（3）按商品价格进行降序排列。

程序示例：

```python
# 商品列表，每个商品是一个字典
products = [
    {"name": "笔记本", "price": 5.5},
    {"name": "铅笔", "price": 1.5},
    {"name": "水笔", "price": 3.0},
    {"name": "足球", "price": 150.0},
    {"name": "篮球", "price": 120.0}
]
print("商品价格: ", products)
def calculate_total_price(products):
    """计算总价格"""
    total = sum(product["price"] for product in products)
    return total
def calculate_average_price(products):
    """计算平均价格"""
    if not products:
        return 0
    total_price = sum(product["price"] for product in products)
    return total_price / len(products)
def find_highest_price(products):
    """找到最高价格"""
    if not products:
        return None
    return max(product["price"] for product in products)
def find_lowest_price(products):
    """找到最低价格"""
    if not products:
        return None
    return min(product["price"] for product in products)
# 使用函数
total_price = calculate_total_price(products)
average_price = calculate_average_price(products)
highest_price = find_highest_price(products)
lowest_price = find_lowest_price(products)
print("总价格: ", total_price)
print("平均价格: ", average_price)
print("最高价格: ", highest_price)
print("最低价格: ", lowest_price)
#字典排序，按照价格降序排列
print(sorted(products, key=lambda a:a['price'], reverse=True))
```

程序运行结果略。

5.2 英文词频统计

5.2.1 实验目的

1．掌握使用字典统计英文单词出现频率的方法。
2．掌握使用字典进行英文词频排序的方法。
3．掌握使用 wordcloud 库生成词云图的方法。

5.2.2 实验任务

输出字符串中出现的所有英文单词，统计每个英文单词出现的次数；用字典进行英文词频排序，找出出现频率最高和最低的 5 个单词；输出一个英文词云图。

5.2.3 实验解析

输出字符串中出现的所有英文单词，统计每个英文单词出现的次数；用字典进行英文词频排序，找出出现频率最高和最低的 5 个单词；输出一个英文词云图。

程序示例：

```
text='In Hamlet this balance is disturbed: his thoughts, and the images of his fancy are far more vivid than his actual perceptions, and his very perceptions, instantly passing through the medium of his contemplations, acquire, as they pass, a form and a colour not naturally their own.Hence we see a great, an almost enormous, intellectual activity, and a proportionate aversion to real action consequent upon it, with all its symptoms and accompanying qualities. '
#将，、. 等其他符号替换成空格
strc=",.!?#$()/"
for c in strc:
    text=text.replace(c, ' ')
#所有单词转换为小写字母，并拆分为列表表示的单词集
words=text.lower().split()
#统计每个单词出现的频率
dic={}
for word in words:
    if word not in dic:
        dic[word]=1
    else:
        dic[word]=dic[word]+1
print("英文词频统计：", dic)
# 按照每个单词出现的频率从高到低排列
listdic=sorted(dic.items(),key=lambda e:e[1],reverse=True)
print("英文词频排序：", listdic)
#输出出现频率最高的 5 个单词
print("频率最高的 5 个单词：", listdic[0:5])
```

```
#输出出现频率最低的 5 个单词
print("频率最低的 5 个单词: ", listdic[-5:])
import wordcloud
words = text
#生成词云图
wc = wordcloud. WordCloud(background_color='white', font_path="msyh. ttc")
wc. generate(words)
#将词云图以文件的方式保存
print("将词云图以文件的方式保存在 C:/temp/sy52. png")
wc. to_file("c:/temp/sy52. png")
```

sy52. png 词云图如图 5-1 所示。

图 5-1   sy52.png 词云图

5.3   中文词频统计

5.3.1   实验目的

1. 掌握使用字典统计中文词语出现频率的方法。
2. 掌握使用 jieba 库将中文文本切分成词语的方法。
3. 掌握使用字典进行中文词频排序的方法。

5.3.2   实验任务

读取中文文本文件 C:/temp/samp. txt; 使用 jieba 库将中文文本切分成词语, 并统计每个中文词语出现的次数; 输出字符串中出现的所有中文词语, 用字典进行中文词频排序, 找出出现频率最高的 5 个词语; 输出一个中文词云图。

5.3.3   实验解析

读取中文文本文件 C:/temp/samp. txt; 使用 jieba 库将中文文本切分成词语, 并统计每个中文词语出现的次数; 输出字符串中出现的所有中文词语, 用字典进行中文词频排序, 找出出现频率最高的 5 个词语; 输出一个中文词云图。

程序示例:

```
import jieba
```

```
#读取中文文本文件 C:/temp/samp.txt
testf=open("c:/temp/samp.txt", "r")
#read()函数以单个字符的方式返回
text=testf.read()
#使用 jieba 库拆分为列表表示的中文词语集
words=jieba.lcut(text)
#统计每个词语出现的频率
dic={}
for word in words:
    if word not in dic:
        dic[word]=1
    else:
        dic[word]=dic[word]+1
# 按照每个词语出现的频率从高到低排列
dic1=sorted(dic.items(), key=lambda a:a[1], reverse=True)
print("词频统计：")
print(dic1)

#输出出现频率最高的 5 个单词
print("词频最高的 5 个词：")
for i in range(5):
    print(dic1[i])
import wordcloud
import matplotlib.pyplot as plt
words =' '.join(words)
# 加载图片作为遮罩
img = plt.imread('c:/temp/h.jpg')
# 设置生成图片的形状
wc = wordcloud.WordCloud(background_color='white', font_path="msyh.ttc", mask=img)
#生成词云图
wc.generate(words)
#将词云图以文件的方式保存
print("将词云图以文件的方式保存在 C:/temp/sy53.png")
wc.to_file("c:/temp/sy53.png")
```

sy53.png 词云图如图 5-2 所示。

图 5-2　sy53.png 词云图

实验 6
Python 文件操作

6.1 文件操作

6.1.1 实验目的

1. 掌握文件的创建、打开和关闭等基本操作。
2. 掌握文件的读写方法。
3. 学会使用文件的基本命令解决实际问题。

6.1.2 实验任务

根据现有主教材创建好的文件"dt1.txt"，编写一个程序，把"dt1.txt"文件中的每行文字前都添加"我爱"两个字，然后写入新文件"outdt1.txt"，最后输出完整的"outdt1.txt"文件中的内容。

6.1.3 实验解析

1. 以只读方式打开"dt1.txt"文本文件。
2. 初始化要添加的列表变量。
3. 循环读取"dt1.txt"文件中的每一行数据，把在每行的开头增加"我爱"两个字后的内容添加到列表变量里。
4. 创建一个"outdt1.txt"文件，访问模式为可读可写。
5. 把列表内容写入"outdt1.txt"文件。
6. 移动"outdt1.txt"文件中的读写指针，使其指向文件开头。
7. 输出完整的"outdt1.txt"文件中的内容。

程序示例:

```
with open("d:\pyfile\dt1.txt","r") as fin:
    lsout=[]
    for line in fin.readlines():
        line1="我爱"+line
```

```
        lsout. append (line1)
with  open ("d:\pyfile\outdt1. txt", "w+")  as fout:
      fout. writelines (lsout)
      fout. seek (0)
      for  line  in  fout:
          print (line)
```

"outdt1.txt"文件中的内容如图 6-1 所示。

图 6-1 "outdt1.txt"文件中的内容

6.2 CSV 文件的操作

6.2.1 实验目的

1．熟悉 Python 的 csv 标准库的基本操作方法。
2．掌握 CSV 文件的读写方法。
3．学会使用 csv 标准库解决实际问题。

6.2.2 实验任务

现有主教材创建好的文件"dt2. csv"，内容是学生的基本信息，如图 6-2 所示。请编写一个程序，读出该文件中的内容，并求出所有学生的平均年龄。

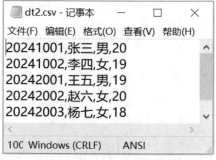

图 6-2 学生的基本信息

6.2.3 实验解析

1．导入 csv 标准库。
2．用上下文管理器以只读方式打开 CSV 文件。

3．读出"dt2.csv"文件中的所有内容。

4．初始化要存储年龄累加和的变量 s，以及统计学生人数的变量 i，使其值都为零。

5．循环读取每个学生的基本信息，然后输出每个学生的基本信息，把每个学生的年龄列数据累加到变量 s 中，用变量 i 统计学生人数。

6．循环结束后输出所有学生的平均年龄。

程序示例：

```
import csv
with open("d:\pyfile\dt2.csv", "r", newline="") as cf:
    rd=csv. reader (cf)
    s, i=0, 0
    for row in rd:
        print (row)
        s+=int (row [3] )
        i+=1
    print ('平均年龄为: ', s/i)
```

程序运行结果如图 6-3 所示。

```
['20241001', '张三', '男', '20']
['20241002', '李四', '女', '19']
['20242001', '王五', '男', '19']
['20242002', '赵六', '女', '20']
['20242003', '杨七', '女', '18']
平均年龄为:  19.2
```

图 6-3　学生基本信息及平均年龄

实验 7

pandas 数据分析

7.1 公司人事财务数据分析

7.1.1 实验目的

1. 掌握 pandas 数据导入与导出方法。
2. 使用 pandas 进行数据预处理。
3. 使用 pandas 对数据进行查询、增加、修改、删除、分析。

7.1.2 实验任务

1. 导入公司人事财务数据，并显示前 10 行、后 10 行数据，以及数据的行数和列数。
2. 处理公司人事财务数据的缺失值、重复值。
3. 查询、增加、修改、删除公司人事财务数据。
4. 利用 groupby() 函数分析不同学历、不同性别的员工应发工资的平均水平。
5. 导出处理后的结果数据。

7.1.3 实验解析

　　pandas 是 Python 数据分析领域中一个非常重要的第三方库，特别适用于处理结构化数据，如表格型数据（类似于 Excel 表格），它使得用户能够轻松地从各种数据源中导入数据，并对数据进行高效的操作和分析。

　　任务 1：导入公司人事财务数据，并显示前 10 行、后 10 行数据，以及数据的行数和列数。

　　pandas 可以通过文件导入函数，将磁盘上的 CSV、Excel 等格式的文件导入内存，并生成 DataFrame 数据格式，以方便后续使用 pandas 的专有方法进行处理。代码如下：

```
import pandas as pd
data = pd.read_excel( 'C:\\Users\\Lenovo\\Desktop\\实验\\实验 7.1 公司人事财务数据.xlsx', sheet_name='
公司人事工资明细', header=1 )
```

　　上述代码的第一行用于导入 pandas 库，并起别名 pd。然后通过调用 pandas 库的 read_excel()

函数读取指定路径下的 Excel 文件,并将生成的 DataFrame 数据赋值给 data 变量。其中 read_excel()
函数的第一个参数是读取 Excel 文件的所在位置;sheet_name 是可选参数,如果 Excel 文件工作
簿中有多张工作表,可以设置 sheet_name 读取指定的工作表数据。由于实验数据表的第一行是表头,
所以需要从表中的第二行开始读取数据,我们通过 header=1 设置从第二行开始读取,header=0 或
者不写该参数则表示从第一行开始读取。值得注意的是,要对 Excel 文件进行读取,还需要依赖
OpenPyXL 库,本书使用的 OpenPyXL 库版本为 3.0.10。

```
print(data.head(10))
```

上述代码用于将 DataFrame 数据的前 10 行输出,输出结果如下:

	序号	工号	姓名	性别	手机号	出生年月	入职日期	年龄	在职状态	工龄	...
0	1	GH001	白帅	男	152××××989	19800830	20080325	44	离职	16	...
1	2	GH002	王帅	男	188××××795	19890522	20170407	35	在职	7	...
2	3	GH003	王秀兰	女	159××××142	19660604	20040226	58	在职	20	...
3	4	GH004	聂红霞	女	139××××076	19931029	20190803	31	在职	5	...
4	5	GH005	唐建	男	189××××067	19730218	20130525	51	离职	11	...
5	6	GH006	陈军	男	152××××806	19691023	20130611	55	离职	11	...
6	7	GH007	蒋浩	男	131××××164	19810206	20201108	43	离职	4	...
7	8	GH008	吕玉	男	139××××285	19941116	20200907	30	在职	4	...
8	9	GH009	汤强	男	156××××074	19890518	20210915	35	离职	3	...
9	10	GH010	李玉	男	185××××492	19720930	20081007	52	离职	16	...

	应发工资	考勤扣款	公积金代扣	养老保险	工伤保险	失业保险	医疗保险	个税扣款	实发工资
0	NaN	NaN	NaN	NaN	NaN	NaN	NaN	NaN	NaN
1	11723.0	100.0	1020.0	711.36	46.892	58.615	234.46	245.17	9306.503
2	10855.0	0.0	864.0	665.60	43.420	54.275	217.10	191.06	8819.545
3	10054.0	50.0	900.0	622.40	40.216	50.270	201.08	109.00	8081.034
4	NaN	NaN	NaN	NaN	NaN	NaN	NaN	NaN	NaN
5	NaN	NaN	NaN	NaN	NaN	NaN	NaN	NaN	NaN
6	NaN	NaN	NaN	NaN	NaN	NaN	NaN	NaN	NaN
7	10006.0	50.0	900.0	617.92	40.024	50.030	200.12	104.79	8043.116
8	NaN	NaN	NaN	NaN	NaN	NaN	NaN	NaN	NaN
9	NaN	NaN	NaN	NaN	NaN	NaN	NaN	NaN	NaN

......

[10 rows × 28 columns]

```
print(data.tail(10))
```

上述代码用于将 DataFrame 数据的后 10 行输出,输出结果如下:

	序号	工号	姓名	性别	手机号	出生年月	入职日期	年龄	在职状态	工龄	...
1001	983	GH983	王晶	男	136××××173	19770730	20051204	47	在职	19	...
1002	984	GH984	张晨	男	135××××154	19730625	20141226	51	在职	10	...
1003	985	GH985	莫辉	男	135××××782	19740401	20131002	50	在职	11	...
1004	986	GH986	李芳	女	152××××455	19760417	20100903	48	在职	14	...
1005	987	GH987	李瑞	女	145××××140	19680628	20001002	56	在职	24	...
1006	988	GH988	朱涛	男	180××××361	20000904	20230217	24	离职	1	...

1007	989	GH989	王颖	女	145××××706	19891117	20201013	35	离职	4 ...
1008	990	GH990	文志强	男	155××××980	19761116	20091109	48	在职	15 ...
1009	991	GH991	覃璐	女	130××××930	19750624	20061228	49	在职	18 ...
1010	992	GH992	兰杰	男	182××××777	19731224	20000320	51	离职	24 ...

	应发工资	考勤扣款	公积金代扣	养老保险	工伤保险	失业保险	医疗保险	个税扣款	实发工资
1001	12981.0	0.0	1080.0	805.12	51.924	64.905	259.62	361.94	10357.491
1002	10866.0	0.0	960.0	684.80	43.464	54.330	217.32	180.61	8725.476
1003	11854.0	0.0	1020.0	729.28	47.416	59.270	237.08	266.10	9494.854
1004	15319.0	0.0	1260.0	902.72	61.276	76.595	306.38	561.20	12150.829
1005	14157.0	0.0	1140.0	867.52	56.628	70.785	283.14	463.89	11275.037
1006	NaN	NaN	NaN	NaN	NaN	NaN	NaN	NaN	NaN
1007	NaN	NaN	NaN	NaN	NaN	NaN	NaN	NaN	NaN
1008	15571.0	0.0	1260.0	907.20	62.284	77.855	311.42	585.22	12367.021
1009	16205.0	0.0	1320.0	960.64	64.820	81.025	324.10	635.44	12818.975
1010	NaN	NaN	NaN	NaN	NaN	NaN	NaN	NaN	NaN

......

[10 rows × 28 columns]

```
print(data.shape)
```

上述代码通过 data.shape，获得数据的行数和列数，输出结果如下：

```
(1011, 28)
```

任务 2：处理公司人事财务数据的缺失值、重复值。

我们发现在任务 1 显示前 10 行、后 10 行数据时，很多数据出现了 NaN，这是因为读取工作表中的单元格数据为空。如果需要将空值替换为指定的值，如将 NaN 替换为"无"，可以使用 fillna() 函数来实现。代码如下：

```
data = data.fillna('无')
print(data)
```

输出结果如下：

	序号	工号	姓名	性别	手机号	出生年月	入职日期	年龄	在职状态	工龄 ...
0	1	GH001	白帅	男	152××××989	19800830	20080325	44	离职	16 ...
1	2	GH002	王帅	男	188××××795	19890522	20170407	35	在职	7 ...
2	3	GH003	王秀兰	女	159××××142	19660604	20040226	58	在职	20 ...
3	4	GH004	聂红霞	女	139××××076	19931029	20190803	31	在职	5 ...
4	5	GH005	唐建	男	189××××067	19730218	20130525	51	离职	11 ...
...	...	...	...	...	...	...	...	...	...	...
1006	988	GH988	朱涛	男	180××××361	20000904	20230217	24	离职	1 ...
1007	989	GH989	王颖	女	145××××706	19891117	20201013	35	离职	4 ...
1008	990	GH990	文志强	男	155××××980	19761116	20091109	48	在职	15 ...
1009	991	GH991	覃璐	女	130××××930	19750624	20061228	49	在职	18 ...
1010	992	GH992	兰杰	男	182××××777	19731224	20000320	51	离职	24 ...

	应发工资	考勤扣款	公积金代扣	养老保险	工伤保险	失业保险	医疗保险	个税扣款
0	无	无	无	无	无	无	无	无

1	11723.0	100.0	1020.0	711.36	46.892	58.615	234.46	245.17
2	10855.0	0.0	864.0	665.6	43.42	54.275	217.1	191.06
3	10054.0	50.0	900.0	622.4	40.216	50.27	201.08	109.0
4	无	无	无	无	无	无	无	无
...	...	...	...	...	...	...	...	...
1006	无	无	无	无	无	无	无	无
1007	无	无	无	无	无	无	无	无
1008	15571.0	0.0	1260.0	907.2	62.284	77.855	311.42	585.22
1009	16205.0	0.0	1320.0	960.64	64.82	81.025	324.1	635.44
1010	无	无	无	无	无	无	无	无

......

[1011 rows × 28 columns]

为确保数据唯一性，需要对重复数据进行处理。首先使用 duplicated() 函数查看重复数据，然后使用 drop_duplicates() 函数删除重复数据。查看重复数据的代码如下：

```
print(data[data.duplicated()])
```

输出结果如下：

	序号	工号	姓名	性别	手机号	出生年月	入职日期	年龄	在职状态	工龄	...
710	707	GH707	李雪	女	135××××470	19920101	20200605	32	在职	4	...
711	708	GH708	王东	女	151××××136	19780330	20180327	46	在职	6	...
712	709	GH709	罗刚	男	155××××629	19990522	20230704	25	在职	1	...
713	710	GH710	朱亮	男	135××××504	19790303	20210621	45	在职	3	...
760	749	GH749	蒙柳	女	150××××036	19991207	20220216	25	在职	2	...
761	750	GH750	张玉梅	女	185××××074	19880903	20210924	36	在职	3	...
762	751	GH751	赵琴	女	145××××808	19740715	20111128	50	在职	13	...
763	752	GH752	刘瑜	男	151××××187	19740923	20161025	50	在职	8	...
764	753	GH753	李帆	女	182××××255	19890928	20131119	35	在职	11	...
765	754	GH754	王帅	男	155××××410	19740316	20050903	50	在职	19	...
766	755	GH755	杨雷	男	147××××879	19800512	20051104	44	在职	19	...
767	756	GH756	杜欣	女	182××××267	19811207	20080830	43	在职	16	...
882	864	GH864	陈莹	女	131××××165	19881119	20160329	36	在职	8	...
883	865	GH865	李柳	女	185××××245	19900530	20180709	34	在职	6	...
884	866	GH866	潘秀英	女	185××××221	19940308	20180228	30	在职	6	...
885	867	GH867	胡晨	男	133××××755	19690128	20090905	55	在职	15	...
886	868	GH868	陈敏	女	155××××318	19760605	20131124	48	在职	11	...
887	869	GH869	王淑英	女	132××××879	19690930	19960427	55	在职	28	...
888	870	GH870	韦东	女	186××××505	19701125	19960702	54	在职	28	...

	应发工资	考勤扣款	公积金代扣	养老保险	工伤保险	失业保险	医疗保险	个税扣款	实发工资
710	13377.0	0.0	1140.0	777.92	53.508	66.885	267.54	397.11	10674.037
711	10559.0	0.0	960.0	666.88	42.236	52.795	211.18	152.59	8473.319
712	13187.0	0.0	1140.0	764.48	52.748	65.935	263.74	380.01	10520.087
713	13246.0	0.0	1140.0	773.44	52.984	66.23	264.92	384.84	10563.586
760	9844.0	0.0	900.0	608.96	39.376	49.22	196.88	94.96	7954.604
761	9792.0	0.0	900.0	613.44	39.168	48.96	195.84	89.84	7904.752

762	11666.0	0.0	1020.0	738.24	46.664	58.33	233.32	246.94	9322.506
763	14072.0	0.0	1200.0	835.84	56.288	70.36	281.44	452.81	11175.262
764	15320.0	0.0	1260.0	889.28	61.28	76.6	306.4	562.64	12163.8
765	12964.0	0.0	1080.0	805.12	51.856	64.82	259.28	360.29	10342.634
766	16234.0	0.0	1320.0	965.12	64.936	81.17	324.68	637.81	12840.284
767	12792.0	0.0	1080.0	791.68	51.168	63.96	255.84	344.94	10204.412
882	14179.0	0.0	1200.0	835.84	56.716	70.895	283.58	463.2	11268.769
883	13986.0	0.0	1200.0	826.88	55.944	69.93	279.72	445.35	11108.176
884	10657.0	0.0	960.0	666.88	42.628	53.285	213.14	162.11	8558.957
885	11802.0	0.0	1020.0	747.2	47.208	59.01	236.04	259.25	9433.292
886	11781.0	0.0	1020.0	729.28	47.124	58.905	235.62	259.01	9431.061
887	18658.0	0.0	1440.0	1085.44	74.632	93.29	373.16	849.15	14742.328
888	15204.0	0.0	1200.0	925.44	60.816	76.02	304.08	553.76	12083.884

......

[19 rows × 28 columns]

删除重复数据的代码如下：

```
data = data.drop_duplicates()
print(data.shape)
```

输出结果如下：

```
(992, 28)
```

从结果中可以发现，输出的行数和列数分别为 992 和 28，与任务 1 输出的 1011 行相比减少了 19 行，说明有 19 行重复数据被删除了。

任务 3：查询、增加、修改、删除公司人事财务数据。

（1）查询公司在职员工数、离职员工数，并计算离职员工数占比。首先通过 data[data['在职状态']=='在职'] 得到"在职状态"为"在职"的所有职工信息（即 DataFrame），再通过 DataFrame 的 count() 函数得到一个包含所有字段计数的 Series，要得到具体的计数数值，还需要通过 [索引] 来获取，即 [0]。另外，使用 ['序号'] 同样可以得到具体的计数数值，即 [0] 和 ['序号'] 是等价的。使用同样的方法可以获取"在职状态"为"离职"的员工数，并通过简单的数学运算得到公司离职员工数占比。代码如下：

```
onNum = data[data['在职状态']=='在职'].count()[0]
quitNum = data[data['在职状态']=='离职'].count()[0]
quitRate = quitNum/(onNum+quitNum)
print('在职员工数：{}人\t离职员工数：{}人\t离职员工数占比：{:.2f}%'.format(onNum, quitNum, quitRate*100))
```

输出结果如下：

```
在职员工数：833 人    离职员工数：159 人    离职员工数占比：16.03%
```

（2）查询公司员工应发工资的最大值和最小值。与查询公司在职员工数类似，首先通过 data[data['应发工资']!='无'] 得到应发工资不是"无"的所有职工信息（即 DataFrame），再通过 DataFrame 的 max() 函数得到一个包含所有字段最大值的 Series，要得到具体的应发工资的最大值，还需要通过 [索引] 来获取，即 ['应发工资']。使用 min() 函数可以得到应发工资的最小值。代码如下：

```
salaryMax = data[data['应发工资']!='无'].max()['应发工资']
salaryMin = data[data['应发工资']!='无'].min()['应发工资']
print('应发工资最大值: {}\t应发工资最小值: {}'.format(salaryMax,salaryMin))
```

输出结果如下:

```
应发工资最大值: 18954.0    应发工资最小值: 7483.0
```

我们还可以通过另外一种方式获取应发工资的最大值和最小值。由于任务 2 中已经将 data 中的所有空值使用 fillna()函数填充为"无",我们可以通过 replace()函数先将应发工资这一列的数据"无"替换成 0,再通过 max()函数获取应发工资的最大值。获取应发工资的最大值后,在获取应发工资的最小值时,要将 0 替换成一个正无穷大值,即 float('inf'),这样才能使用 min()函数得到应发工资的最小值。代码如下:

```
data['应发工资'] = data['应发工资'].replace('无', 0)
salaryMax = data['应发工资'].max()
salaryMin = data['应发工资'].replace(0, float('inf')).min()
print('应发工资最大值: {}\t应发工资最小值: {}'.format(salaryMax,salaryMin))
```

输出结果如下:

```
应发工资最大值: 18954.0    应发工资最小值: 7483.0
```

(3)查询公司人员学历结构比例情况。我们可以通过 value_counts(normalize=True)方法得到某个字段分组的频数或频数比。代码如下:

```
eduPro = data['学历'].value_counts(normalize=True)
print(eduPro)
```

输出结果如下:

```
本科    0.438508
硕士    0.288306
博士    0.146169
大专    0.127016
Name: 学历, dtype: float64
```

(4)增加一条员工数据。本书使用的 pandas 中,DataFrame 提供了一个 _append()函数,可以用于在 DataFrame 末尾添加新行。_append()函数可以接收一个包含新行数据的 Series 或字典作为参数,并返回一个新的 DataFrame;可以设置参数 ignore_index=True 指定新行的索引自动递增。在低版本的 pandas 中使用的是 append()函数,函数名没有 "_"。代码如下:

```
new_row = {'序号': 993, '工号': 'GH993', '姓名': '张子涵','性别': '男',
           '手机号': '186××××547', '出生年月': '19920512','入职日期': '20240718',
           '年龄': 32, '在职状态': '在职','工龄': 0,'籍贯': '广西', '学历': '硕士'}
data = data._append(new_row, ignore_index=True)
print(data.shape)
print(data.tail())
```

输出结果如下:

```
(993, 28)
     序号   工号     姓名   性别    手机号          出生年月      入职日期     年龄  在职状态  工龄 ...
988  989  GH989  王颖   女    145××××706   19891117  20201013  35   离职    4  ...
989  990  GH990  文志强  男    155××××980   19761116  20091109  48   在职   15  ...
990  991  GH991  覃璐   女    130××××930   19750624  20061228  49   在职   18  ...
991  992  GH992  兰杰   男    182××××777   19731224  20000320  51   离职   24  ...
```

992	993	GH993	张子涵	男	186××××547	19920512	20240718	32	在职	0	...

	应发工资	考勤扣款	公积金代扣	养老保险	工伤保险	失业保险	医疗保险	个税扣款	实发工资
988	0.0	无	无	无	无	无	无	无	无
989	15571.0	0.0	1260.0	907.2	62.284	77.855	311.42	585.22	12367.021
990	16205.0	0.0	1320.0	960.64	64.82	81.025	324.1	635.44	12818.975
991	0.0	无	无	无	无	无	无	无	无
992	NaN	NaN	NaN	NaN	NaN	NaN	NaN	NaN	NaN

......

从输出结果中可以看到，输出的数据行数和列数分别为 993 和 28，与原来的 992 行比较，多了一行数据，并且该行数据添加到了 DataFrame 的末尾，字典中未指定数值的字段值默认用 NaN 填充。

（5）修改工号为 GH990 的员工信息，将手机号修改为 158××××545。pandas 提供了 loc[]，通过 data.loc[data['工号'] == 'GH990', '手机号'] 定位到工号为 GH990 的员工的手机号，再通过赋值运算符对手机号重新赋值，即可完成手机号的修改操作。代码如下：

```
print(data.loc[data['工号'] == 'GH990', '手机号'])
data.loc[data['工号'] == 'GH990', '手机号'] = 158××××545
print(data.loc[data['工号'] == 'GH990'])
```

输出结果如下：

```
989    155××××980
Name: 手机号, dtype: object
```

	序号	工号	姓名	性别	手机号	出生年月	入职日期	年龄	在职状态	工龄	...
989	990	GH990	文志强	男	158××××545	19761116	20091109	48	在职	15	...

	应发工资	考勤扣款	公积金代扣	养老保险	工伤保险	失业保险	医疗保险	个税扣款	实发工资	备注
989	15571.0	0.0	1260.0	907.2	62.284	77.855	311.42	585.22	12367.021	无

```
[1 rows × 28 columns]
```

从输出结果中可以看出，工号为 GH990 的员工的手机号修改为了 158××××545。

（6）删除所有年龄大于 55 岁、在职状态为离职、性别为男的员工信息。pandas 提供了 drop() 函数，可以高效地完成各种复杂的数据清洗任务。下述代码 data.drop(data[condition].index) 用于删除符合 condition 条件的多行数据，pandas 中多个条件与的逻辑运算符是&。需要注意的是，drop() 函数默认返回新的 DataFrame，不会改变原始的 DataFrame，我们可以通过赋值将 data 保存为删除数据后的结果，即 data = data.drop(data[condition].index)。如果要直接修改原始的 DataFrame，需要设置参数 inplace=True，即 data.drop(data[condition].index, inplace=True)。代码如下：

```
condition = (data['年龄'] > 55) & (data['在职状态'] == '离职') & (data['性别']=='男')
print('符合条件的员工数量: ', data[condition].count()[0])
print(data[condition][['工号','姓名','性别','年龄','在职状态']].tail())
data = data.drop(data[condition].index) # 删除满足条件的行
print(data[condition][['工号','姓名','性别','年龄','在职状态']])
```

输出结果如下：

```
符合条件的员工数量: 2
          工号   姓名 性别   年龄 在职状态
```

| 58 | GH059 | 陈健 | 男 | 58 | 离职 |
| 940 | GH941 | 傅阳 | 男 | 56 | 离职 |

Empty DataFrame

Columns: [工号, 姓名, 性别, 年龄, 在职状态]

Index: []

C:\Users\28289\AppData\Local\Temp\ipykernel_10564\2033263687.py:5: UserWarning: Boolean Series key will be reindexed to match DataFrame index.

```
    print(data[condition][['工号', '姓名', '性别', '年龄', '在职状态']])
```

从输出结果中可以看出，符合条件的数据总共有 2 条，在数据删除之前，输出了这 2 条数据的部分字段信息。删除数据之后，再使用 print() 函数进行输出时，输出的内容是 Empty DataFrame 等信息，并会给出一个用户警告，这是因为 DataFrame 里已经没有符合条件的数据了。

任务 4：利用 groupby() 函数分析不同学历、不同性别的员工应发工资的平均水平。

我们可以使用 pandas 中的 groupby() 函数先将 DataFrame 或 Series 按照关注字段进行拆分，将相同属性的字段划分为一组，然后对拆分后的各组执行求平均值操作（使用 mean() 函数）。代码如下：

```
print(data['应发工资'].groupby([data['学历'], data['性别']]).mean())
```

输出结果如下：

```
学历   性别
博士   女    13735.046512
     男    13922.637931
大专   女     7373.333333
     男     7437.400000
本科   女    10034.708155
     男     9957.331683
硕士   女    10065.560510
     男    10080.281250
Name: 应发工资, dtype: float64
```

任务 5：导出处理后的结果数据。

下述代码用于将 data 的所有数据导出到 D 盘下名为 output 的 Excel 文件中，index=False 表示不把索引导出。文件导出的位置如果没有具体指定，则会在与 .ipynb 文件相同的目录下生成。

```
data.to_excel('D:\\output.xlsx', index=False)
```

7.2　中国对外经济进出口总额数据分析

7.2.1　实验目的

1．了解中国对外经济进出口总额数据获取方式。

2．掌握 pandas 转置数据、计算指标环比增长率、合并数据的方法。

7.2.2　实验任务

1．中国对外经济进出口总额数据获取。

2．使用 pandas 转置数据、计算指标环比增长率、合并数据。

7.2.3　实验解析

任务 1：中国对外经济进出口总额数据获取。

我们可以登录国家统计局官方网站（见图 7-1）获取与经济活动相关的各项权威数据。进入官网后选择"数据"菜单，在网页最下方的"数据查询"栏目中选择"月度数据"，如图 7-2 所示。在跳转的页面（见图 7-3）中选择"指标"→"对外经济"→"进出口总额"，单击下载按钮，注册新用户后就能获取到对外经济进出口总额数据。下载的文件类型有 Excel、CSV、XML、PDF 这 4 种，我们选择以 Excel 格式进行下载。当然也可以获取其他不同时间统计口径、类型的数据来做数据的统计分析。

图 7-1　国家统计局官方网站（样例）

图 7-2　"数据查询"栏目

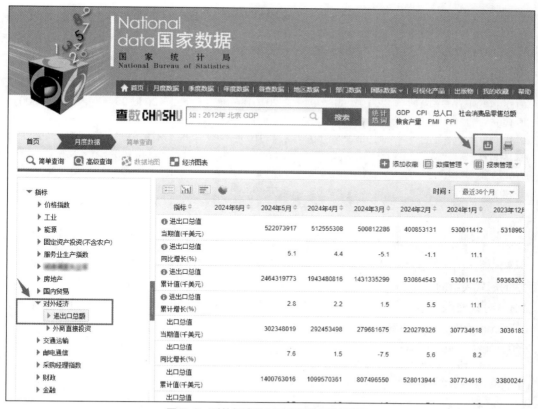

图 7-3　对外经济进出口总额数据获取页面

任务 2：使用 pandas 转置数据、计算指标环比增长率、合并数据。

通过任务 1，可以得到中国对外经济进出口总额最近 36 个月的各项指标数据，在这里我们删除 Excel 文件中的注释、数据来源等提示信息，只保留各项指标的有效数据。

（1）读取数据文件。代码如下：

```
import pandas as pd
data = pd.read_excel('C:\\Users\\Lenovo\\Desktop\\实验\\中国对外经济进出口总额月度数据.xls', header=0, index_col=0)
print(data)
```

上述代码中，read_excel() 中的第一个参数是进出口总额月度数据 Excel 文件的绝对路径，读者可根据自己保存的 Excel 文件位置来设置该参数；第二个参数 header=0，表示从 Excel 工作表的第一行数据开始读取；第三个参数 index_col=0 在本任务中非常关键，作用是将读取的数据中的第一列变为 index（索引），方便后续数据转置后获取列数据。需要注意的是，我们读取的 Excel 文件是 97-2003 版本的 .xls 文件，需要依赖 xlrd 库，可以使用 pip install xlrd 命令安装该库，本书使用的 xlrd 库版本为 2.0.1。

输出结果如下：

指标	2024 年 5 月	2024 年 4 月	2024 年 3 月	2024 年 2 月
进出口总值当期值(千美元)	5.220739e+08	5.125553e+08	5.008123e+08	400853131.0
进出口总值同比增长(%)	5.100000e+00	4.400000e+00	−5.100000e+00	−1.1
进出口总值累计值(千美元)	2.464320e+09	1.943481e+09	1.431335e+09	930864543.0

进出口总值累计增长(%)	2.800000e+00	2.200000e+00	1.500000e+00	5.5
出口总值当期值(千美元)	3.023480e+08	2.924535e+08	2.796817e+08	220279326.0
出口总值同比增长(%)	7.600000e+00	1.500000e+00	-7.500000e+00	5.6
出口总值累计值(千美元)	1.400763e+09	1.099570e+09	8.074966e+08	528013944.0
出口总值累计增长(%)	2.700000e+00	1.500000e+00	1.500000e+00	7.1
进口总值当期值(千美元)	2.197259e+08	2.201018e+08	2.211306e+08	180573806.0
进口总值同比增长(%)	1.800000e+00	8.400000e+00	-1.900000e+00	-8.2
进口总值累计值(千美元)	1.063557e+09	8.439105e+08	6.238387e+08	402850599.0
进口总值累计增长(%)	2.900000e+00	3.200000e+00	1.500000e+00	3.5
进出口差额当期值(千美元)	8.262000e+07	7.235000e+07	5.855000e+07	39706000.0
进出口差额累计值(千美元)	3.372100e+08	2.556600e+08	1.836600e+08	125163000.0
……				

[14 rows × 35 columns]

从输出结果中可以看到，指标项的月份数据是按照最近月份倒序排列的，并且数据值都是以科学记数法的形式表示的。

（2）对数据进行转置，计算进出口总值当期值(千美元)的环比增长率，并将计算结果合并为DataFrame 输出。代码如下：

```
def format_thousandth(arr):
    """将 Series 中的数字使用千分撇形式表示"""
    return arr.apply(lambda x: format(x, ',.0f'))


def format_percentage(arr):
    """将 Series 中的数字使用百分制表示，小数点后保留 2 位小数"""
    return arr.apply(lambda x: format(x, '.2%'))


data = data.iloc[:, ::-1]
data = data.T
temp = pd.DataFrame(index=data.index,
columns=['进出口总值当期值(千美元)', '进出口总值当期值(千美元)环比增长率'])
temp['进出口总值当期值(千美元)'] = data['进出口总值当期值(千美元)']
temp['进出口总值当期值(千美元)环比增长率'] = data['进出口总值当期值(千美元)'].pct_change()
result = pd.merge(temp[['进出口总值当期值(千美元)']].apply(format_thousandth),
            temp[['进出口总值当期值(千美元)环比增长率']].apply(format_percentage),
            left_index=True,
            right_index=True).T
print(result)
result.to_excel('output.xlsx')
```

上述代码中，data.iloc[:, ::-1]的作用是将原来的 data 的月份数据列反转，反转后按照月份正序排列。通过 data.T 实现行和列的转置，即原来的行变成列，原来的列变成行，转置后我们就可以通过某个指标名称得到该指标的所有月份数据了，比如运行后面的 data['进出口总值当期值(千美元)']，得到的就是进出口总值当期值所有月份的数据。temp 变量保存的是我们构造的一个DataFrame，这个 DataFrame 以 data 的索引为行索引，具有两列，列名分别是"进出口总值当期值(千美元)"和"进出口总值当期值(千美元)环比增长率"，作用是存放指标的月份数据和该指标的月份数据环比增长率。我们通过 data['进出口总值当期值(千美元)'].pct_change()计算进出口总值当期值的环比增长率，并将计算结果赋值给 temp 的"进出口总值当期值(千美元)环比增长率"数据列。pandas 提供了 merge()函数，能够将多个 DataFrame 合并成一个 DataFrame。在上述代码中，我们合并了两个 DataFrame 对象，分别是 temp[['进出口总值当期值(千美元)']]和 temp[['进出口总值当期值(千美元)环比增长率']]。只不过我们还对这两个 DataFrame 的数据进行了格式化操作，对 temp[['进出口总值当期值(千美元)']]使用了 apply()函数，使用自定义函数 format_thousandth()对进出口总值当期值的数值数据进行千分撇格式化表示；对 temp[['进出口总值当期值(千美元)环比增长率']]使用了 apply()函数，使用自定义函数 format_percentage()对环比增长率的数值数据进行百分制格式化表示。left_index=True、right_index=True 两个参数的作用是将索引作为连接键进行数据合并。数据合并后，我们再通过 T 属性将合并后得到的 DataFrame 进行转置操作并输出。输出结果如下：

	2024 年 5 月	2024 年 4 月	2024 年 3 月	2024 年 2 月
进出口总值当期值(千美元)	522,073,917	512,555,308	500,812,286	400,853,131
进出口总值当期值(千美元)环比增长率	nan%	-1.82%	-2.29%	-19.96%
	2024 年 1 月	2023 年 12 月	2023 年 11 月	2023 年 10 月
进出口总值当期值(千美元)	530,011,412	531,896,338	515,473,900	493,125,600
进出口总值当期值(千美元)环比增长率	32.22%	0.36%	-3.09%	-4.34%
	2023 年 9 月	2023 年 8 月 ...	2022 年 4 月	2022 年 3 月

......

[2 rows × 35 columns]

7.3 股票数据分析

7.3.1 实验目的

1. 掌握股票数据获取方式。
2. 掌握 pandas 的 DataFrame 数据查询使用方法。

7.3.2 实验任务

1. 股票数据获取。
2. 查询股票收盘价。
3. 根据股票收盘价和开盘价计算盈利额。

7.3.3 实验解析

任务 1：股票数据获取。

要对股票数据进行分析，首先要获取一个股票数据集合。在 Python 中，用于股票数据分析的常用第三方库包括 baostock、pandas_datareader、yfinance、Tushare 等。这里使用的是 baostock

库，它是一个免费、开源的证券数据接口，我们可以到 baostock 的官方平台（见图 7-4）查看 API 文档，获取股票历史交易数据。

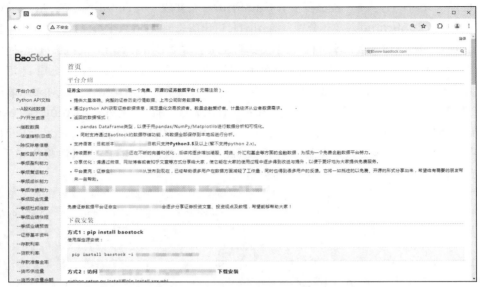

图 7-4　baostock 的官方平台

要使用 baostock 库，首先需要安装 baostock 库，安装 baostock 库的命令是：

`pip install baostock`

安装好后，可以测试是否能够正常使用。我们可以到 baostock 官方平台页面单击"--A 股 K 线数据"（见图 7-5），找到使用示例代码，把代码复制下来，然后把股票代码、结束日期略做修改，执行后就可以得到需要的股票数据。当然也可以单击"示例数据"右侧的"下载"按钮获取股票数据，只是下载的数据更新的时效可能会有所延迟。

图 7-5　A 股 K 线数据 API 页面

股票数据获取代码如下：

```python
import baostock as bs
import pandas as pd
# 登录系统
lg = bs.login()
# 显示登录返回信息
print('login respond error_code:'+lg.error_code)
print('login respond  error_msg:'+lg.error_msg)
# 获取沪深 A 股历史 K 线数据
# "分钟线"参数与"日线"参数不同，"分钟线"不包含指数
# 分钟线指标：date、time、code、open、high、low、close、volume、amount、adjustflag
# 周月线指标：date、code、open、high、low、close、volume、amount、adjustflag、turn、pctChg
rs = bs.query_history_k_data_plus("sh.601088",
"date,code,open,high,low,close,preclose,volume,amount,adjustflag,turn,tradestatus,pctChg,isST",
    start_date='2017-07-01', end_date='2024-07-24',
    frequency="d", adjustflag="3")
print('query_history_k_data_plus respond error_code:'+rs.error_code)
print('query_history_k_data_plus respond  error_msg:'+rs.error_msg)
# 输出结果集
data_list = []
while (rs.error_code == '0') & rs.next():
    # 获取一条记录，将记录合并在一起
    data_list.append(rs.get_row_data())
result = pd.DataFrame(data_list, columns=rs.fields)
# 将结果集输出到 CSV 文件
result.to_csv("D:\\history_A_stock_k_data.csv", index=False)
print(result)
# 退出登录
bs.logout()
```

上述代码是 baostock 平台提供的 API，通过设置 bs.query_history_k_data_plus() 函数中的股票代码为 sh.601088，结束日期 end_date 为 '2024-07-24'，来获取股票代码为 601088，时间从 2017 年 7 月 1 日开始，一直到 2024 年 7 月 24 日的股票开盘价、收盘价等股票信息。获取的股票数据通过 result.to_csv("D:\\history_A_stock_k_data.csv", index=False) 保存到了D 盘。

输出结果如下：

```
login success!
login respond error_code:0
login respond  error_msg:success
query_history_k_data_plus respond error_code:0
query_history_k_data_plus respond  error_msg:success
          date         code     open     high      low    close  preclose
0   2017-07-03   sh.601088  22.2900  22.2900  22.2900  22.2900  22.2900
1   2017-07-04   sh.601088  22.2900  22.2900  22.2900  22.2900  22.2900
2   2017-07-05   sh.601088  22.2900  22.2900  22.2900  22.2900  22.2900
```

	date	code	open	high	low	close	preclose
3	2017-07-06	sh.601088	22.2900	22.2900	22.2900	22.2900	22.2900
4	2017-07-07	sh.601088	22.2900	22.2900	22.2900	22.2900	22.2900
...	...	...	...	...	...	...	...
1712	2024-07-18	sh.601088	41.9000	42.1300	41.4900	42.0500	41.7200
1713	2024-07-19	sh.601088	42.0300	42.1700	41.4800	41.9700	42.0500
1714	2024-07-22	sh.601088	41.7300	41.9100	39.9000	41.7300	41.9700
1715	2024-07-23	sh.601088	41.5000	41.8500	40.9000	41.0600	41.7300
1716	2024-07-24	sh.601088	40.9600	41.9500	40.8000	41.7600	41.0600

	volume	amount	adjustflag	turn	tradestatus	pctChg
0	0	0.0000	3		0	0.000000
1	0	0.0000	3		0	0.000000
2	0	0.0000	3		0	0.000000
3	0	0.0000	3		0	0.000000
4	0	0.0000	3		0	0.000000
...	...	...	...	...	...	...
1712	17205894	721006955.9600	3	0.104300	1	0.791000
1713	22318200	933287514.0100	3	0.135300	1	-0.190200
1714	39510434	1617790892.7700	3	0.239600	1	-0.571800
1715	18091660	746132805.5000	3	0.109700	1	-1.605600
1716	18227400	754743911.8200	3	0.110500	1	1.704800

......

[1717 rows × 14 columns]

logout success!

任务 2. 查询股票收盘价。

从任务 1 中的代码可以看到，result = pd.DataFrame(data_list, columns=rs.fields) 是获取到的股票数据，我们可以直接使用 result 来对数据进行操作。要查询该股票的收盘价大于 40 元的所有记录，按照我们之前学习的知识，可以通过 result[result['close']>40] 来实现。代码如下：

```
print(result[result['close']>40])
```

执行后，会发现报错，主要错误信息如下：

```
TypeError: '>' not supported between instances of 'str' and 'int'
```

报错的原因是通过 baostock 获取的股票数据在存放价格数据的时候是以字符串类型保存的，而字符串数据是不能和整型数据直接比较的。我们可以使用 astype() 函数将收盘价变为 float 类型后再做比较，即 result[result['close'].astype(float)>40]；也可以直接将 40 以字符串的形式表示，即 result[result['close']>'40']，这两种方式都可以解决这个问题。代码如下：

```
print(result[result['close'].astype(float)>40])
print(result[result['close']>'40'])
```

输出结果如下：

	date	code	open	high	low	close	preclose
1613	2024-02-22	sh.601088	39.3700	41.0000	39.2700	40.8300	39.5800
1623	2024-03-07	sh.601088	39.2800	40.1500	39.2000	40.0900	39.4200

	date	code	open	high	low	close	preclose
1645	2024-04-10	sh.601088	39.6800	40.5800	39.6500	40.1300	39.6900
1648	2024-04-15	sh.601088	39.7000	41.2400	39.6700	41.0500	39.7300
1649	2024-04-16	sh.601088	41.0500	42.1900	40.8700	41.7000	41.0500
...	...	...	...	...	...	...	...
1712	2024-07-18	sh.601088	41.9000	42.1300	41.4900	42.0500	41.7200
1713	2024-07-19	sh.601088	42.0300	42.1700	41.4800	41.9700	42.0500
1714	2024-07-22	sh.601088	41.7300	41.9100	39.9000	41.7300	41.9700
1715	2024-07-23	sh.601088	41.5000	41.8500	40.9000	41.0600	41.7300
1716	2024-07-24	sh.601088	40.9600	41.9500	40.8000	41.7600	41.0600

	volume	amount	adjustflag	turn	tradestatus		pctChg
1613	41316132	1665190976.2700	3	0.250500	1		3.158200
1623	31494276	1254567410.7600	3	0.191000	1		1.699600
1645	30002489	1207440233.7100	3	0.181900	1		1.108600
1648	33012766	1344997867.7200	3	0.200200	1		3.322400
1649	39246863	1633266946.2600	3	0.238000	1		1.583400
...	...	...	...	...	...		...
1712	17205894	721006955.9600	3	0.104300	1		0.791000
1713	22318200	933287514.0100	3	0.135300	1		-0.190200
1714	39510434	1617790892.7700	3	0.239600	1		-0.571800
1715	18091660	746132805.5000	3	0.109700	1		-1.605600
1716	18227400	754743911.8200	3	0.110500	1		1.704800

......

[62 rows × 14 columns]

在现实中，我们会比较关注股票是否能够盈利，所以收盘价大于开盘价的记录更值得查询。代码如下：

```
print(result[result['close']>result['open']])
```

输出结果如下：

	date	code	open	high	low	close	preclose
47	2017-09-06	sh.601088	21.3000	21.7300	21.2100	21.4400	21.4200
49	2017-09-08	sh.601088	20.7600	21.2300	20.7600	20.9900	20.7300
51	2017-09-12	sh.601088	21.0200	21.7300	21.0200	21.5700	20.8400
52	2017-09-13	sh.601088	21.6600	21.8600	21.3100	21.7500	21.5700
55	2017-09-18	sh.601088	20.3500	20.6200	20.2800	20.4000	20.4900
...	...	...	...	...	...	...	...
1707	2024-07-11	sh.601088	41.3300	42.1100	40.8700	41.6800	41.7100
1709	2024-07-15	sh.601088	41.0000	42.4400	40.8000	42.3900	41.2100
1710	2024-07-16	sh.601088	42.2500	42.6000	41.8900	42.4100	42.3900
1712	2024-07-18	sh.601088	41.9000	42.1300	41.4900	42.0500	41.7200
1716	2024-07-24	sh.601088	40.9600	41.9500	40.8000	41.7600	41.0600

	volume	amount	adjustflag	turn	tradestatus		pctChg
47	52463720	1127735472.0000	3	0.318135	1		0.093373

49	35855943	754772032.0000	3	0.217427	1	1.254222
51	53487157	1147141563.0000	3	0.324341	1	3.502877
52	37733693	817837665.0000	3	0.228813	1	0.834494
55	24552569	501486162.0000	3	0.148884	1	-0.439239
...	...	...	...	...	...	...
1707	34006914	1411332494.8100	3	0.206200	1	-0.071900
1709	24825023	1044852717.1600	3	0.150500	1	2.863400
1710	20050250	846564006.4300	3	0.121600	1	0.047200
1712	17205894	721006955.9600	3	0.104300	1	0.791000
1716	18227400	754743911.8200	3	0.110500	1	1.704800

......

[864 rows × 14 columns]

任务 3：根据股票收盘价和开盘价计算盈利额。

假设你一开始就持有 100 股该只股票。在 2017 年 7 月 1 日至 2024 年 7 月 24 日期间，你每天都在开盘买进该只股票 100 股，然后在收盘时卖出 100 股，在不考虑手续费和印花税的情况下，你能赚多少钱？

首先可以对每天的股票收盘价和开盘价进行相减运算，得到每天的股票价格涨跌数据。代码如下：

```
print(result['close'].astype(float)-result['open'].astype(float))
```

输出结果如下：

```
0       0.00
1       0.00
2       0.00
3       0.00
4       0.00
...      ...
1712    0.15
1713   -0.06
1714    0.00
1715   -0.44
1716    0.80
Length: 1717, dtype: float64
```

然后把每天的股票价格涨跌数据进行汇总求和，就能够得到一股股票在 2017 年 7 月 1 日到 2024 年 7 月 24 日间的涨跌总数。代码如下：

```
print((result['close'].astype(float)-result['open'].astype(float)).sum())
```

输出结果如下：

```
62.410000000000075
```

62.41 元是买卖 1 单位股票的盈利额，那么 100 股的盈利总额就是 6241 元。

假设你知道哪些天能涨，只在上涨的那些天买卖 100 股，你能赚多少钱？

这种情况下，我们需要首先将收盘价高于开盘价的数据筛选出来保存到一个新的变量里，然后计算每天的股票价格涨跌数据并汇总求和。代码如下：

```
newResult = result[result['close']>result['open']]
print((newResult['close'].astype(float)-newResult['open'].astype(float)).sum())
```

输出结果如下：

```
284.63
```

284.63 元是买卖 1 单位股票的盈利额，那么 100 股的盈利总额就是 28463 元，是之前计算的 6241 元的 4 倍多，确实盈利不小。但是，事实上我们无法每次都能准确预测股价的趋势，股票的整体收益最终还得看该股票的长期走势，在做股票投资的时候需要谨慎对待。

实验 8

Python 时间序列分析

8.1　时间的格式化处理

8.1.1　实验目的

1．掌握使用 datetime 库获取时间的方法。
2．掌握 strptime()函数和 strftime()函数的使用。
3．熟悉时间计算的方法。

8.1.2　实验任务

1．将 datetime 类型的标准格式时间按照特定的字符串格式输出。
2．输入时间字符串"2023 年 7 月 15 日 9:30:20"，将其转换为 datetime 类型的标准格式时间。
3．计算自己生活了多少天。

8.1.3　实验解析

任务 1：将 datetime 类型的标准格式时间按照特定的字符串格式输出。
（1）获取当前时间，得到标准格式时间。
（2）将标准格式时间转换成特定格式的时间字符串。
（3）使用 print()函数输出时间字符串。
方法一：
使用 strftime()函数输出格式化的时间字符串，用%Y、%m、%d、%H、%M、%S 等格式占位符获得指定的时间单位。
程序示例：

```
from datetime import datetime
now=datetime.now()          #获取当前时间，得到 datetime 类型的标准格式时间
print(now.strftime('%H 小时%M 分钟%S 秒   %Y 年%m 月%d 日'))
```

程序运行结果如下：

20 小时 04 分钟 04 秒　2024 年 07 月 29 日

方法二：

首先获取当前时间戳，将其转换成标准格式的时间，再实现到时间字符串的转换。

程序示例：

```
from datetime import datetime
import time
timestamp=time.time()  #得到当前时间戳
now=datetime.fromtimestamp(timestamp)   #将时间戳转换成标准格式的时间
print(now.strftime('（%Y 年）: %m 月%d 日　%H:%M:%S'))
```

程序运行结果如下：

（2024 年）: 07 月 29 日　20:08:47

方法三：

首先获取当前时间，然后通过时间单位属性获得各个时间单位，再用 str() 函数实现到时间字符串的转换。

程序示例：

```
from datetime import datetime
now=datetime.now()  #得到 datetime 类型的标准格式时间
print(str(now))  #使用 str() 函数将标准格式的 datetime 对象转换成时间字符串
dateStr=str(now.year)+'年'+str(now.month)+'月'+str(now.day)+'日'
#获得年、月、日等时间单位值，用字符串的连接实现
print(dateStr)
```

程序运行结果如下：

2024-07-29 20:17:16.653641
2024 年 7 月 29 日

通过灵活运用上述方法，可以实现任意格式的时间字符串的输出。

任务 2：输入时间字符串"2023 年 7 月 15 日 9:30:20"，将其转换为 datetime 类型的标准格式时间。

（1）使用 input() 函数接收输入的时间字符串。

（2）使用 strptime() 函数实现时间字符串与 datetime 类型的标准格式时间的转换。

（3）使用 print() 函数输出结果。

程序示例：

```
from datetime import datetime
print("请输入格式为××××年××月××日 ×:×:×的时间。其中日期和时间之间有一中文空格")
strTime=input()    #根据屏幕上的提示，输入时间字符串
print("标准格式的时间为: ",datetime.strptime(strTime,'%Y 年%m 月%d 日 %H:%M:%S'))
#"日"与"%H"之间有一中文空格
```

程序运行结果如下：

（屏幕显示）请输入格式为××××年××月××日 ×:×:×的时间。其中日期和时间之间有一中文空格
（从键盘输入）2023 年 7 月 15 日 9:30:20
（运行结果）标准格式的时间为: 2023-07-15 09:30:20

这里一定要注意，运行结果的类型发生了改变，变成了 datetime 类型，方便使用 datetime 库

对时间数据的进一步处理。

　　如果需要将某种格式的时间字符串转换成特定格式的时间字符串，可以将任务 1 和任务 2 结合起来，先将时间字符串用 strptime() 函数解析为 datetime 对象，然后将 datetime 对象用 strftime() 函数格式化为所需的时间字符串格式。掌握 strptime() 和 strftime() 函数的使用是处理日期和时间数据时的关键技能。此外，理解不同的时间格式代码也非常重要，这有助于在不同的应用场景中准确地解析和格式化日期和时间。

　　任务 3：计算自己生活了多少天。

　　通过两个 datetime 类型的日期对象相减，得到表示时间差的 timedelta 类型数据。该类型的对象具有 days、seconds、microseconds 属性。在本任务中，计算生活的天数，取出 days 属性值即可。

　　（1）按照提示输入符合格式要求的生日。

　　（2）将第（1）步得到的时间字符串转换为 datetime 类型，并通过 date() 函数得到日期。

　　（3）获得当前日期。

　　（4）将当前日期减去生日的日期，得到二者的时间间隔。

　　（5）获取时间间隔 days（天数）属性值，并输出。

　　程序示例：

```
from datetime import datetime
from datetime import timedelta
birthday=input("请输入您的生日。格式如：2002/9/12 ")
date=datetime.strptime(birthday, '%Y/%m/%d').date()  #获取生日的年、月、日信息
now=datetime.now().date()  #获取当前时间的日期信息
if now>=date:
    sur=now-date
    print("您生活了{}天".format(sur.days))  #仅获取 days 属性值并输出
else:
    print("输入的生日有误!")
```

　　程序运行结果略。

8.2　图书借阅记录分析

8.2.1　实验目的

1．掌握数据文件的读取方法。

2．掌握时间索引的设置方法。

3．掌握时间列和时间索引在数据分析中的不同应用。

8.2.2　实验任务

1．查询读者号为 1085439 的用户在 2015 年和 2017 年的借阅记录。

2．查询 2016 年借阅次数最多的前 5 本书。

3. 使用时间索引，按年统计图书馆的图书借阅次数。

8.2.3　实验解析

本实验基于 "C：\\temp\\lending.dat" 文件。"lending.dat" 文件保存了某图书馆 10 年的读者借阅记录，有读者号（uid）、图书号（bid）、图书标题（title）和借阅日期（date）4 列数据。

由于借阅日期列既可以作为数据列被分析，也可以作为时间索引提供分析数据的依据，因此在实验安排中，任务 1 和任务 2 把借阅日期列作为数据列完成数据分析，任务 3 把借阅日期列设置为索引完成数据分析。

任务 1：查询读者号为 1085439 的用户在 2015 年和 2017 年的借阅记录。

（1）读取 "lending.dat" 文件。

（2）利用 pandas 的 to_datetime()函数将 date 列数据转换为 datetime 类型，并保存。

（3）查询读者号为 1085439 的用户在 2015 年和 2017 年的借阅记录。

（4）输出结果。

程序示例：

```
import pandas as pd
records=pd.read_csv('C:\\temp\\lending.dat')
records['date']= pd.to_datetime(records['date'])
df=records[records['date'].dt.year.isin([2015,2017]) & (records['uid']== 1085439)]
print(df)
```

程序运行结果略。

任务 2：查询 2016 年借阅次数最多的前 5 本书。

（1）读取 "lending.dat" 文件。

（2）利用 pandas 的 to_datetime()函数将 date 列数据转换为 datetime 类型，并保存。

（3）查询 2016 年的借阅记录并保存。

（4）统计 2016 年每本书的借阅次数。简单地可以按图书号进行分组，但为了在查询结果中显示图书标题，需按图书号和图书标题分组。

（5）将第（4）步的统计结果按借阅次数进行降序排列。

（6）输出前 5 条记录。

程序示例：

```
import pandas as pd
records=pd.read_csv('C:\\temp\\lending.dat')
records['date']= pd.to_datetime(records['date'])
records1=records[records['date'].dt.year == 2016]     #2016 年的借阅记录
records2=records1[['date']].groupby([records1['bid'],records1['title']]).count()   #按图书号和图书标题分组，统计 2016 年每本书的借阅次数
records2=records2.rename(columns={'date':'recordsCount'}) #统计结果更改列名
print(records2.sort_values(by=['recordsCount'],ascending=False).head(5))  #统计结果降序排列并输出前 5 条记录
```

程序运行结果如下：

		recordsCount
bid	title	
1113878	EViews/Stata 计量经济学入门	12
161198	经济应用模型	12
1114804	计量经济学. 第 2 版	12
170343	经济模型与应用	12
1212816	一生 皮埃尔与让: 全译本	8

任务 3: 使用时间索引, 按年统计图书馆的图书借阅次数。

(1) 读取"lending. dat"文件。

(2) 将 date 列设置为索引。

(3) 将索引转换为 datetime 类型。

(4) 统计图书馆每年的图书借阅次数。

(5) 输出统计结果。

程序示例:

```
import pandas as pd
records=pd.read_csv('C:\\temp\\lending.dat')
records1 = records.set_index('date')     #将 date 列设置为数据框架变量 records 的索引
records1.index=pd.to_datetime(records1.index)     #将索引转换为 datetime 类型
records1=records1[['uid']].groupby(records1.index.year).count() #统计图书馆每年的图书借阅次数
print(records1)
```

程序运行结果如下:

```
        uid
date
2011  91222
2012  92137
2013  75816
2014  30446
2015  38968
2016  30865
2017  23596
2018  14983
2019   2079
```

实验 9

Python 可视化分析

9.1 各年份人口数据分析

9.1.1 实验目的

1. 熟悉 pandas 库、NumPy 库的使用方法。
2. 熟悉使用 Matplotlib 库。
3. 掌握散点图、折线图、饼图、柱状图的绘制方法。

9.1.2 实验任务

1. 绘制 2014—2022 年城、乡人口数据变化柱状图。
2. 绘制 2022 年男女人口比例情况饼图。
3. 绘制城镇和乡村人口变化趋势折线图。
4. 绘制城镇人口与年末总人口关系散点图。

9.1.3 实验解析

任务 1: 绘制 2014—2022 年城、乡人口数据变化柱状图。
程序示例:

```python
import pandas as pd
import matplotlib.pyplot as plt
import numpy as np
#设置显示中文字体
plt.rcParams['font.sans-serif'] = ['SimHei']
#读取数据
frame = pd.read_excel('C:\\temp\\人口数据.xlsx')
frame = frame.set_index('年份')
plt.figure(figsize=(15, 8))
x=np.arange(9)
```

```
plt.bar(x, frame['城镇人口'], width=0.3)
plt.bar(x+0.3, frame['乡村人口'], width=0.3)
# x轴刻度值
plt.xticks(x, frame.index)
# 标题
plt.title('2014—2022年城、乡人口数据变化')
# y轴标签
plt.ylabel('总人口/万人')
# x轴标签
plt.xlabel("年份")
# 显示图例
plt.legend(['城镇人口', '乡村人口'])
plt.show()
```

程序运行结果如图 9-1 所示。

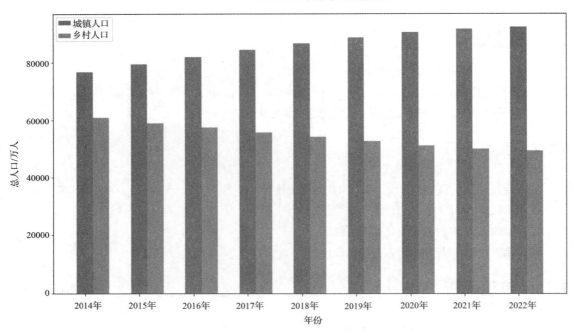

图 9-1　2014—2022 年城、乡人口数据变化柱状图

任务 2：绘制 2022 年男女人口比例情况饼图。

程序示例：

```
import pandas as pd
import matplotlib.pyplot as plt
#设置显示中文字体
plt.rcParams['font.sans-serif'] = ['SimHei']
#读取数据
frame = pd.read_excel('C:\\temp\\人口数据.xlsx')
frame = frame.set_index('年份')
```

```
# 创建画布，将画布设定为正方形，则绘制的饼图是正圆
plt.figure(figsize=(6，6))
#数据的标签
name = ['男性','女性']
# 提取 2022 年男性、女性人口数据
values =frame.loc['2022 年', ['男性人口','女性人口']]
# 绘制饼图
plt.pie(values,labels=name, autopct='%1.2f%%',labeldistance=1.1)
# 图标题
plt.title("2022 年男女人口比例情况")
plt.show()
```

程序运行结果如图 9-2 所示。

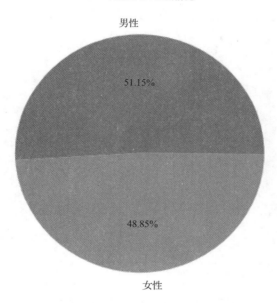

图 9-2　　2022 年男女人口比例情况饼图

任务 3：绘制城镇和乡村人口变化趋势折线图。

程序示例：

```
import pandas as pd
import matplotlib.pyplot as plt
#设置显示中文字体
plt.rcParams['font.sans-serif'] = ['SimHei']
#读取数据
frame = pd.read_excel('C:\\temp\\人口数据.xlsx')
frame = frame.set_index('年份')
plt.figure(figsize=(12，6))
#绘制折线图
plt.plot(frame.index,frame['城镇人口'], ls='—',marker='o',color='b', label='城镇人口')
```

```
plt.plot(frame.index, frame['乡村人口'], ls='-', marker='s', color='r', label='乡村人口')
#x 轴标签
plt.xlabel('年份')
#y 轴标签
plt.ylabel('总人口/万人')
#图标题
plt.title("城镇和乡村人口变化趋势")
#显示图例
plt.legend(['城镇人口', '乡村人口'])
#保存图片
plt.savefig("C:\\temp\\城镇和乡村人口变化趋势.jpg")
plt.show()
```

程序运行结果如图 9-3 所示。

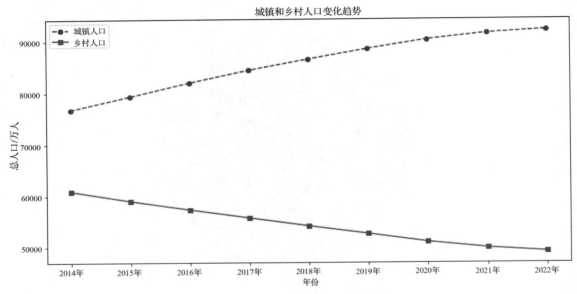

图 9-3　城镇和乡村人口变化趋势折线图

任务 4：绘制城镇人口与年末总人口关系散点图。

程序示例：

```
import pandas as pd
import matplotlib.pyplot as plt
#设置显示中文字体
plt.rcParams['font.sans-serif'] = ['SimHei']
#读取数据
frame = pd.read_excel('C:\\temp\\人口数据.xlsx')
ls=frame['年末总人口']/frame['城镇人口']*100
plt.scatter(frame['年末总人口'], frame['城镇人口'], s=ls, c=ls)
#图标题
plt.title('城镇人口与年末总人口关系')
#x 轴标签
```

```
plt.xlabel('年末总人口/万人')
#y 轴标签
plt.ylabel('城镇人口/万人')
#显示图例
plt.legend(['城镇人口'])
plt.colorbar()
plt.show()
```

程序运行结果如图 9-4 所示。

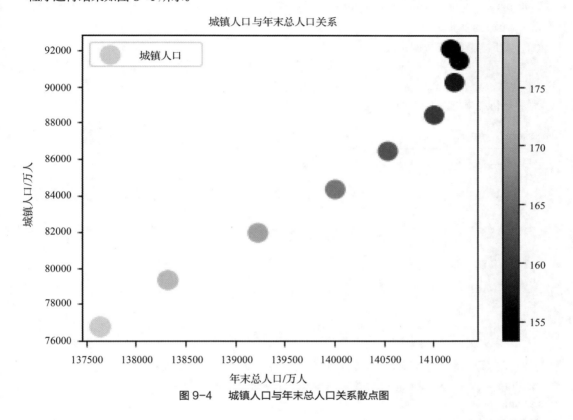

图 9-4　城镇人口与年末总人口关系散点图

9.2　全国热门旅游景点数据分析

9.2.1　实验目的

1. 掌握 pyecharts 库绘图的基础知识。
2. 熟悉全局配置项、系列配置项的配置。
3. 掌握柱状图和饼图的绘制方法。

9.2.2　实验任务

分析全国热门旅游景点数据，绘制门票销量前 10 的热门景点数据柱状图，部分省/自治区/直辖市 4A、5A 星级景区数量柱状图，以及云南省景区星级占比情况饼图。

9.2.3 实验解析

1.导入模块，代码如下：

```
import pandas as pd
from pyecharts.charts import Pie, Bar
from pyecharts import options as opts
```

2．pandas 数据处理。

（1）读取旅游景点数据，代码如下：

```
df = pd.read_excel('C:\\temp\\旅游景点.xlsx')
df
```

程序运行结果如图 9-5 所示。

	省/自治区/直辖市	名称	星级	评分	价格	门票销量	所在区	坐标	简介	是否免费	具体地址
0	上海	上海迪士尼乐园	非A	0.0	325.0	19459.0	上海·上海·浦东新区	121.667917,31.149712	每个女孩都有一场迪士尼梦	False	上海市浦东新区川沙镇黄赵路310号上海迪士尼乐园
1	上海	上海自然博物馆	非A	3.5	32.4	3237.0	上海·上海·静安区	121.469083,31.241294	在这里领略物种的变迁	False	上海市静安区石门二路128号静安雕塑公园内
2	上海	辰山植物园	非A	0.0	60.0	1654.0	上海·上海·佘山国家旅游度假区	121.188507,31.080816	上海网红野餐地	"莫奈花园" 四季皆美	False	上海市松江区辰花公路3888号
3	上海	黄浦江游览（十六铺码头）	非A	0.0	90.0	1576.0	上海·上海·黄浦区	121.503083,31.234893	夜游黄浦江，霓虹交错，赏鉴都繁华景象	False	上海市黄浦区中山东二路481号B1层（十六铺码头一区）
4	上海	上海中心大厦上海之巅观光厅	非A	0.0	153.0	1212.0	上海·上海·浦东新区	121.512867,31.239758	超高层地标式摩天大楼	False	上海市浦东新区陆家嘴环路479号（近东泰路）
...											

图 9-5　读取旅游景点数据

（2）按门票销量排序，查看门票销量前 5 的旅游景点信息，代码如下：

```
sort_info = df.sort_values(by='门票销量', ascending=False)
sort_info.head()
```

程序运行结果如图 9-6 所示。

	省/自治区/直辖市	名称	星级	评分	价格	门票销量	所在区	坐标	简介	是否免费	具体地址
0	上海	上海迪士尼乐园	非A	0.0	325.0	19459.0	上海·上海·浦东新区	121.667917,31.149712	每个女孩都有一场迪士尼梦	False	上海市浦东新区川沙镇黄赵路310号上海迪士尼乐园
1489	上海	上海海昌海洋公园	4A	0.0	276.5	19406.0	上海·上海·浦东新区	121.915647,30.917713	看珍稀海洋生物	玩超刺激娱乐项目	False	上海市浦东新区南汇城根飞路166号
2063	北京	故宫	5A	5.0	58.6	15277.0	北京·北京·东城区	116.403347,39.922148	世界五大宫之首，穿越与您近在咫尺	False	北京市东城区景山前街4号
2294	陕西	秦始皇帝陵博物院（兵马俑）	5A	4.4	120.0	12714.0	陕西·西安·临潼区	109.266029,34.386024	世界第八大奇迹	False	陕西省西安市临潼县秦始皇陵东1.5公里处
1596	四川	成都大熊猫繁育研究基地	4A	4.0	52.0	9731.0	四川·成都·成华区	104.152603,30.738951	无关黑与白，不分胖与瘦，可爱而又温暖	False	四川省成都市成华区外北熊猫大道1375号

图 9-6　查看门票销量前 5 的旅游景点信息

（3）汇总并统计 4A、5A 星级景区数量，代码如下：

```
df_tmp2 = df[df['星级'].isin(['4A', '5A'])]
```

```
df_counts = df_tmp2.groupby('省/自治区/直辖市').count()
df_counts
```

程序运行结果如图 9-7 所示。

省/自治区/直辖市	名称	星级	评分	价格	门票销量	所在区	坐标	简介	是否免费	具体地址
上海	25	25	25	25	25	25	25	25	25	25
云南	31	31	31	31	31	31	31	31	31	31
内蒙古	23	23	23	23	23	23	23	23	23	23
北京	38	38	38	38	38	38	38	38	38	38
吉林	10	10	10	10	10	10	10	10	10	10
四川	32	32	32	32	32	32	32	32	32	32
天津	18	18	18	18	18	18	18	18	18	18
宁夏	18	18	18	18	18	18	18	18	18	18
安徽	47	47	47	47	47	47	47	47	47	47
山东	30	30	30	30	30	30	30	30	30	30

图 9-7　汇总并统计 4A、5A 星级景区数量

（4）统计云南省景区星级情况，代码如下：

```
df_tmp = df[df['省/自治区/直辖市']=='云南']
datas=df_tmp.groupby('星级').count()['省/自治区/直辖市']
datas
```

程序运行结果如图 9-8 所示。

```
星级
3A      6
4A     23
5A      8
非A     38
Name:省/自治区/直辖市,dtype: int64
```

图 9-8　云南省景区星级情况

3．pyecharts 数据可视化。

任务 1：绘制门票销量前 10 的热门景点数据柱状图。

程序示例：

```
import pandas as pd
from pyecharts.charts import Pie,Bar
from pyecharts import options as opts
df = pd.read_excel('C:\\temp\\旅游景点.xlsx')
sort_info = df.sort_values(by='门票销量', ascending=False).head(10)
b1=Bar()
```

```
b1.add_xaxis(list(sort_info['名称']))
b1.add_yaxis('门票销量热门景点', sort_info['门票销量'].values.tolist())
b1.set_global_opts(
        title_opts=opts.TitleOpts(title='门票销量前10的热门景点数据'),
        yaxis_opts=opts.AxisOpts(name='门票销量'),
        xaxis_opts=opts.AxisOpts(name='景点名称',
axislabel_opts=opts.LabelOpts(rotate=-15)))
b1.set_series_opts(label_opts=opts.LabelOpts(position="inside"))
b1.render_notebook()
```

程序运行结果如图9-9所示。

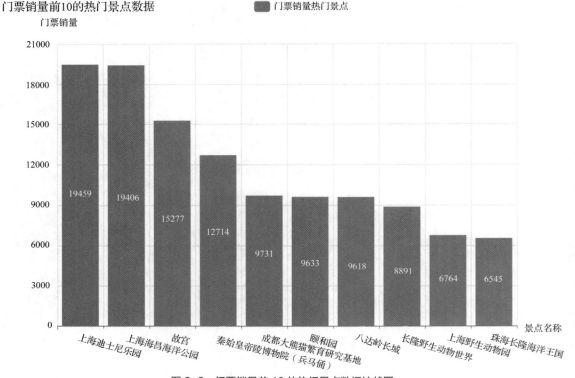

图9-9　门票销量前10的热门景点数据柱状图

任务2：绘制部分省/自治区/直辖市4A、5A星级景区数量柱状图。

程序示例：

```
import pandas as pd
from pyecharts.charts import Bar
from pyecharts import options as opts
df = pd.read_excel('C:\\temp\\旅游景点.xlsx')
df_tmp2 = df[df['星级'].isin(['4A', '5A'])]
df_counts = df_tmp2.groupby('省/自治区/直辖市').count()['星级']
b2=Bar()
b2.add_xaxis(df_counts.index.tolist())
b2.add_yaxis('4A、5A星级景区数量', df_counts.values.tolist())
b2.set_global_opts(
```

```
        title_opts=opts.TitleOpts(title='部分省/自治区/直辖市 4A、5A 星级景区数量'),
        datazoom_opts=[opts.DataZoomOpts()，opts.DataZoomOpts(type_='inside')]
        )
    b2.render_notebook()
```

程序运行结果如图 9-10 所示。

部分省/自治区/直辖市4A、5A星级景区数量　■ 4A、5A星级景区数量

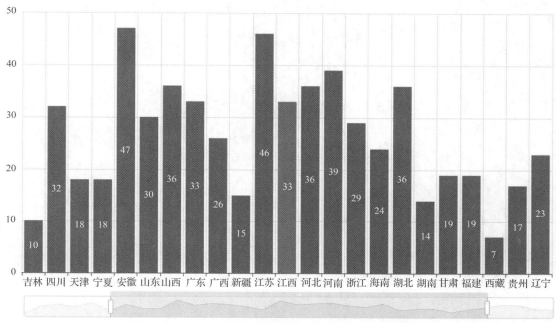

图 9-10　部分省/自治区/直辖市 4A、5A 星级景区数量柱状图

任务 3：绘制云南省景区星级占比情况饼图。

程序示例：

```
import pandas as pd
from pyecharts.charts import Bar
from pyecharts import options as opts
df = pd.read_excel('C:\\temp\\旅游景点.xlsx')
df_tmp = df[df['省/自治区/直辖市']=='云南']
datas=df_tmp.groupby('星级').count()['省/自治区/直辖市']
labels=datas.index.tolist()
data=datas.values.tolist()
pie=Pie()
pie.add('', [list(z) for z in zip(labels,data)])
pie.set_global_opts(title_opts=opts.TitleOpts(title='云南省景区星级占比情况饼图'))
pie.set_series_opts(label_opts=opts.LabelOpts(formatter='{b}：{c}（{d}%）'))
pie.render_notebook()
```

程序运行结果如图 9-11 所示。

云南省景区星级占比情况饼图   ■ 3A ■ 4A ■ 5A ■ 非A

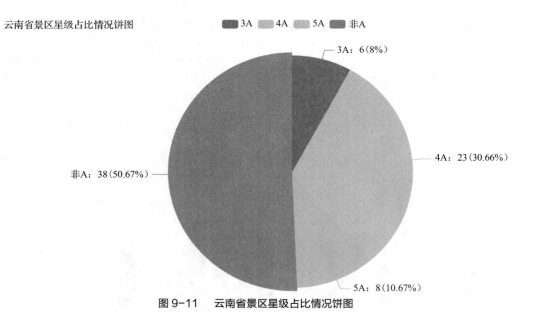

图 9-11　云南省景区星级占比情况饼图

实验 10
NumPy 科学计算

10.1 使用 NumPy 分析学生成绩数据

10.1.1 实验目的

1. 掌握使用 NumPy 创建数组的方法。
2. 掌握 NumPy 数组的切片和索引。
3. 掌握 NumPy 数组常用统计函数的使用。
4. 熟悉 NumPy 数组的筛选操作。

10.1.2 实验任务

1. 使用 NumPy 创建学生成绩数组。
2. 使用 NumPy 数组计算每个学生的平均成绩。
3. 找出"Python"课程成绩最高与最低的学生姓名。
4. 按课程计算平均成绩。

10.1.3 实验解析

假设 A 班有 5 名学生，成绩如表 10-1 所示。

表 10-1   A 班学生成绩表

姓名	课程	成绩
zhangfei	Python	99
zhangfei	Chinese	78
guanyu	Python	100
guanyu	Chinese	89
zhaoyun	Python	88
zhaoyun	Chinese	68

姓名	课程	成绩
huangzhong	Python	92
huangzhong	Chinese	94
dianwei	Python	65
dianwei	Chinese	87

任务 1：使用 NumPy 创建学生成绩数组。

学生成绩表中包含学生的姓名、课程和成绩。将学生成绩表创建成 NumPy 数组，操作步骤如下。

（1）导入 NumPy 库。代码如下：

```
import numpy as np
```

（2）使用 numpy.array()函数创建一个 NumPy 数组来存放学生成绩，其中包含学生的姓名、课程和成绩。代码如下：

```
studentsScores = np.array([
    ["zhangfei", "Python", 99],
    ["zhangfei", "Chinese", 78],
    ["guanyu", "Python", 100],
    ["guanyu", "Chinese", 89],
    ["zhaoyun", "Python", 88],
    ["zhaoyun", "Chinese", 68],
    ["huangzhong", "Python", 92],
    ["huangzhong", "Chinese", 94],
    ["dianwei", "Python", 65],
    ["dianwei", "Chinese", 87]
])
```

（3）输出学生成绩数组，来查看创建出的学生成绩数据。代码如下：

```
studentsScores
```

输出结果为：

```
array([['zhangfei', 'Python', '99'],
       ['zhangfei', 'Chinese', '78'],
       ['guanyu', 'Python', '100'],
       ['guanyu', 'Chinese', '89'],
       ['zhaoyun', 'Python', '88'],
       ['zhaoyun', 'Chinese', '68'],
       ['huangzhong', 'Python', '92'],
       ['huangzhong', 'Chinese', '94'],
       ['dianwei', 'Python', '65'],
       ['dianwei', 'Chinese', '87']], dtype='<U11')
```

任务 2：使用 NumPy 数组计算每个学生的平均成绩。操作步骤如下。

（1）从学生成绩数组中提取出学生姓名列。代码如下：

```
studentsName = studentsScores[:, 0]
studentsName
```

输出结果为：

```
array(['zhangfei', 'zhangfei', 'guanyu', 'guanyu', 'zhaoyun', 'zhaoyun',
       'huangzhong', 'huangzhong', 'dianwei', 'dianwei'], dtype='<U11')
```

解析如下。

这里使用 NumPy 数组的切片操作，获取到了学生成绩数组中的学生姓名列。Python 原生数组的切片操作非常方便，NumPy 作为依托于 Python 的计算库，自然也继承了这一点，所以在 NumPy 中，我们也可以很方便地使用切片功能。

studentsScores[:, 0] 的 [] 中的 ":" 前后上下界都省略，表示在行方向输出全部行，[] 中的 "0" 表示在列方向取列索引为 0 的第 1 列数据，即数据中的学生姓名列。

（2）从提取到的学生姓名列中获取唯一学生姓名列表。代码如下：

```
uniqueStudentsName = np.unique(studentsName)
uniqueStudentsName
```

输出结果为：

```
array(['dianwei', 'guanyu', 'huangzhong', 'zhangfei', 'zhaoyun'],
      dtype='<U11')
```

解析如下。

np.unique() 函数的功能是去除重复的元素，并按元素由小到大返回一个新的无重复元素的元组或者列表，其语法格式如下：

```
np.unique(arr, return_index, return_inverse, return_counts)
```

参数说明如下。

- arr：输入数组，如果不是一维数组则会展开。
- return_index：如果为 True，返回新列表元素在旧列表中的位置（索引），并以列表形式存储。
- return_inverse：如果为 True，返回旧列表元素在新列表中的位置（索引），并以列表形式存储。
- return_counts：如果为 True，返回去重数组中的元素在原数组中的出现次数。

（3）计算每个学生的平均成绩。代码如下：

```
for student in uniqueStudentsName:
    studentScore = studentsScores[studentsName == student]
    averageScore = studentScore[:, 2].astype(float).mean()
    print("{}同学的平均成绩是: {}".format(student, averageScore))
```

输出结果为：

```
dianwei 同学的平均成绩是: 76.0
guanyu 同学的平均成绩是: 94.5
huangzhong 同学的平均成绩是: 93.0
zhangfei 同学的平均成绩是: 88.5
zhaoyun 同学的平均成绩是: 78.0
```

解析如下。

- studentScore = studentsScores[studentsName == student]：从 studentsScores 数组中筛选出单个学生的学生成绩表赋值给 studentScore 对象。
- averageScore = studentScore[:, 2].astype(float).mean()：从筛选出的单个学生成绩表对象 studentScore 中通过切片操作 studentScore[:, 2] 提取出当前学生的成绩列。
- 通过 astype(float) 方法将成绩转换为 float 类型。

- 通过 mean() 函数计算出当前学生的平均成绩。

任务 3：找出"Python"课程成绩最高与最低的学生姓名。操作步骤如下。

（1）提取"Python"课程成绩。代码如下：

```
studentsPythonScores = studentsScores[studentsScores[:, 1] == "Python"]
```

（2）在"Python"课程成绩表中提取出成绩列。代码如下：

```
pythonScores = studentsPythonScores[:, 2].astype(float)
```

（3）找出 Python 成绩最高的学生姓名。代码如下：

```
topPythonStudent = studentsPythonScores[np.argmax(pythonScores), 0]
```

（4）输出成绩最高的学生姓名。代码如下：

```
print("Python 成绩最高的学生是: ", topPythonStudent)
```

输出结果为：

```
Python 成绩最高的学生是: guanyu
```

（5）找出 Python 成绩最低的学生姓名。代码如下：

```
bottomPythonStudent = studentsPythonScores[np.argmin(pythonScores), 0]
```

（6）输出成绩最低的学生姓名。代码如下：

```
print("Python 成绩最低的学生是: ", topPythonStudent)
```

输出结果为：

```
Python 成绩最低的学生是: dianwei
```

任务 4：按课程计算平均成绩。操作步骤如下。

（1）从学生成绩数组中提取出课程名称列。代码如下：

```
subjects = studentsScores[:, 1]
```

（2）从提取到的课程名称列中获取唯一课程名称列表。代码如下：

```
uniqueSubjects = np.unique(subjects)
```

（3）计算每门课程的平均成绩。代码如下：

```
for subject in uniqueSubjects:
    subjectScore = studentsScores[subjects == subject]
    averageScore = subjectScore[:, 2].astype(float).mean()
    print("{}课程的平均成绩: {}".format(subject, averageScore))
```

输出结果为：

```
Chinese 课程的平均成绩: 83.2
Python 课程的平均成绩: 88.8
```

本实验演示了如何使用 NumPy 数组处理学生成绩数据，并进行数学运算和数组操作。在实际项目中，这种数据处理和分析的方法可以更广泛地应用于各种类型的数据处理。

10.2　使用 NumPy 对某保险产品模型分析推算

10.2.1　实验目的

1．熟悉使用 NumPy 函数计算概率事件发生的期望值、方差和标准差的方法。

2．熟悉使用 NumPy 子模块 random 中的 binomial() 函数对二项分布进行随机抽样。

3．熟悉使用 NumPy 子模块 random 中的 geometric() 函数对几何分布进行随机抽样。

10.2.2　实验任务

1．计算二项分布 n 次伯努利试验保险事件发生的期望值、方差和标准差。

2．使用 NumPy 建立该保险产品二项分布随机抽样模型，分析推算该产品的均值和标准差。

3．每份保单每月发生理赔的概率为 0.5%，模拟计算每份保单从生效到触发理赔所经历的时间长度。

10.2.3　实验解析

在保险业务中，经常需要根据实际情况适当调整保费，以保证保险公司的利润达到一定要求，同时保险公司的业务量也达到要求。对于这类问题，可以对已知实际情况做一定的概率分析。实际上，对于随机现象，了解其分布非常有意义，利用概率论讨论得到的结果对保险公司有一定的指导意义。

某保险公司有以下规则：

（1）已有 10000 人购买了某保险且每人仅购买 1 份保单，每位投保人的理赔概率为 6%，保险理赔人数服从二项分布（binomial distribution）；

（2）每份保单的有效期是 1 年，仅有 1 次理赔机会；

（3）每份保单每月发生理赔的概率为 0.5%，每份保单从生效到触发理赔所经历的时间长度服从几何分布（geometric distribution）。

任务 1：计算二项分布 n 次伯努利试验保险事件发生的期望值、方差和标准差。

在概率论中，把在同样条件下重复进行试验的数学模型称为独立试验序列概型，进行 n 次试验，若任何一次试验中各结果发生的可能性都不受其他次试验结果发生情况的影响，则称这 n 次试验是相互独立的。特别地，当每次试验只有两个可能结果时，称为 n 次伯努利试验。

一般地，在 n 次独立重复试验中，如果事件发生的概率是 p，则不发生的概率 $q=1-p$。n 次独立重复试验中，二项分布的期望值为 np，方差为 $np(1-p)$，标准差是方差的算术平方根。

代码如下：

```
import numpy as np
n=10000
p=0.06
print('期望值是: ')
print(n*p)
print('方差是: ')
print(n*p*(1-p))
print('标准差是: ')
print(round(np.sqrt(n*p*(1-p)),2))
```

输出结果为：

```
期望值是:
600.0
方差是:
564.0
标准差是:
23.75
```

任务 2：使用 NumPy 建立该保险产品二项分布随机抽样模型，分析推算该产品的均值和标准差。

NumPy 提供了强大的生成随机数的功能，使用随机数也能创建 ndarray。NumPy 子模块 random 中的 binomial() 函数用于对二项分布进行随机抽样，有以下 3 个参数需要输入。

- n：二项分布中重复的伯努利试验次数。
- p：事件发生的概率。
- size：随机抽样的次数（本任务中设为 200）。

代码如下：

```
import numpy as np
n=10000
p=0.06
random_binomial = np.random.binomial(n, p, 200)
print('二项分布中随机抽样的结果是：')
print(random_binomial)
print('随机抽样结果的均值是：')
print(random_binomial.mean())
print('随机抽样结果的标准差是：')
print(round(random_binomial.std(), 2))
```

输出结果为：

二项分布中随机抽样的结果是：

```
[528 608 603 619 615 614 552 588 576 591 601 611 616 580 605 612 656 629 600 619 561 663 634
623 589 609 665 614 559 599 617 566 573 610 596 558 578 621 562 591 625 613 574 594 597 604 563
587 597 623 613 615 578 632 553 564 597 588 604 569 586 601 617 575 579 607 550 635 592 632 621
541 607 603 580 626 616 645 590 582 640 637 626 611 598 588 598 582 599 635 593 635 607 590 600
603 575 633 597 595 556 573 592 564 581 601 627 567 614 620 602 595 572 576 626 624 603 644 599
605 600 626 595 620 588 584 602 587 625 593 569 617 594 598 614 578 600 574 595 643 584 601 588
595 611 609 523 600 591 580 589 610 620 630 601 611 641 615 583 571 605 635 586 605 588 566 604
578 590 552 608 589 593 592 589 620 633 564 586 577 581 607 562 583 581 591 696 565 634 600 571
602 640 615 542 623 639 598 584 622]
```

随机抽样结果的均值是：

599.1

随机抽样结果的标准差是：

25.48

随机抽样结果中的均值和标准差分别为 599.1 和 25.48，与任务 1 中计算出的期望值 600 和标准差 23.75 比较接近。每次随机抽样结果都会存在差异，但差异不大。

任务 3：每份保单每月发生理赔的概率为 0.5%，模拟计算每份保单从生效到触发理赔所经历的时间长度。

NumPy 子模块 random 中的 geometric() 函数用于对几何分布进行随机抽样，有以下两个参数需要输入。

- p：在伯努利试验中试验成功的概率。
- size：随机抽样的次数（本任务中设为 200）。

代码如下：

```
p1 = 0.005
random_geometric =np.random.geometric(p1, 200)
```

```
print('几何分布中随机抽样的结果是：')
print(random_geometric)
print('随机抽样结果的最大值是：')
print(random_geometric.max())
print('随机抽样结果的最小值是：')
print(random_geometric.min())
print('随机抽样结果的均值是：')
print(random_geometric.mean())
print('随机抽样结果的标准差是：')
print(round(random_geometric.std(),2))
```

输出结果为：

几何分布中随机抽样的结果是：

```
[  10   48    5   16  225  180  749   70  357   29  261  181   35  107
    5   31  262  123  173  387   27  197  116  128    9   59  258   37
  319   57  138  225  319  152   22   19  793  160   92   14   14  160
   40   83   32  134    1  220  552  226  490  189   85  384  139  148
  120   52  239   22   80  104  159  198  143  177  143   81   37  521
  230  551   32   61  603   24  307   37  414  194   79  138  265  187
  189   32   25  239  819   60   84  131  191  226  121  222  368   84
  549  120  517  472  166   27  979  219  111   82    8  465   24   37
  335  128   47  349  271  522  288   51  120    3  106   18   69   33
  129   82  500  486  260   32  590  168  314  162   21   15   49  252
  156  493  316  146   38 1359   61  223  344  345  180   84   37   33
  143  393   29   31   41  110  199  111  634  110  181  125  248  424
  467   24  450  239  408  229   22  179    3  438   51  243  375  126
   49  263   43  154  421   70   40   30    8   33  408   43   49  464
  127   19  146   11]]
```

随机抽样结果的最大值是：

1359

随机抽样结果的最小值是：

1

随机抽样结果的均值是：

193.415

随机抽样结果的标准差是：

197.07

从随机抽样结果中可以看出，每份保单从生效到触发理赔条件所经历的时间差异很大，最短的仅 1 个月，最长的可达 1359 个月。

10.3　使用 NumPy 分析股票指标

10.3.1　实验目的

1．掌握 NumPy 数组中求最大值、最小值的方法。

2．掌握 NumPy 中用于计算数组或数组切片的加权平均值的函数的方法。

3．熟悉 NumPy 中用于计算数组元素之间差异的函数的方法。

4．熟悉 NumPy 中用于逐元素地计算数组元素自然对数的方法。

10.3.2 实验任务

1．计算股票的极差。

2．计算股票平均价格和成交量加权平均价格（按收盘价计算）。

3．计算股票的简单收益率、对数收益率。

4．计算股票的年波动率和月波动率。

10.3.3 实验解析

本实验涉及一些常用的股票指标，以 000001.SZ 股票 2009 年 1 月 5 日到 2009 年 2 月 6 日的数据为例，使用 NumPy 计算这些股票指标。

原始数据如下。

	日期	收盘价	开盘价	最高价	最低价	成交量
0	2009-01-05	9.71	9.57	9.74	9.51	340827
1	2009-01-06	10.30	9.80	10.43	9.73	635330
2	2009-01-07	9.99	10.20	10.40	9.99	611960
3	2009-01-08	9.60	9.75	9.76	9.50	392572
4	2009-01-09	9.85	9.60	9.93	9.60	604457
5	2009-01-12	9.86	9.78	10.08	9.67	415480
……						
15	2009-02-02	11.66	11.76	11.99	11.51	329749
16	2009-02-03	11.95	11.66	12.06	11.60	368640
17	2009-02-04	13.04	12.02	13.15	12.02	540952
18	2009-02-05	12.80	13.07	13.20	12.63	373428
19	2009-02-06	13.19	12.82	13.44	12.82	324698

这些数据保存在"000001.SZ.csv"文件中。

解析如下。

首先要读取数据，读取到股票数据后，将股票数据每天的收盘价存放在变量 close 中，将股票数据每天的成交量存放在变量 volume 中，将股票数据每天的最高价存放在变量 high 中，将股票数据每天的最低价存放在变量 low 中。代码如下：

```
import pandas as pd
import numpy as np
df = pd.read_csv('000001.SZ.csv')
close = np.array(df["收盘价"])
volume = np.array(df["成交量"])
high = np.array(df["最高价"])
low = np.array(df["最低价"])
```

任务 1：计算股票的极差。

股票的极差就是指股票近期最高价的最大值和最小值的差值。极差越高说明波动越明显。

使用 numpy.max() 函数和 numpy.min() 函数来计算出 ndarray 数组中的最大值和最小值。分别计算高点极差 high_ptp 和低点极差 low_ptp，代码如下：

```
high_ptp = high.max() - high.min()
low_ptp = low.max() - low.min()
print("股票的高点极差是: ", high_ptp)
print("股票的低点极差是: ", low_ptp)
```

输出结果为：

```
股票的高点极差是: 3.8099999999999987
股票的低点极差是: 3.9399999999999995
```

任务 2：计算股票平均价格和成交量加权平均价格（按收盘价计算）。

成交量加权平均价格（Volume-Weighted Average Price，VWAP）是一个非常重要的经济学量，代表着金融资产的"平均"价格。

numpy.average() 函数是 NumPy 库中用于计算数组或数组切片的加权平均值的函数。其基本语法格式如下：

```
numpy.average(a, axis=None, weights=None, returned=False)
```

参数说明如下。

- a：输入数组，可以是多维的。

- axis：沿着哪个轴计算平均值，如果为 None，则计算整个数组的平均值；如果指定了轴，则结果维度将减少。

- weights：与 a 中的值相对应的权重数组，每个值 a[i] 的权重是 weights[i]，如果 weights 为 None，则假定所有数据的权重都相同，这相当于计算普通的算术平均值。

- returned：如果设置为 True，则返回一个元组，其中包含加权平均值和加权和的数值，用于计算平均值；默认值是 False。

计算当前股票平均价格和成交量加权平均价格（按收盘价计算）的代码如下：

```
avg_price = np.average(close)
VWAP = np.average(close, weights=volume)
print("股票的平均价格（按收盘价计算）是: ", avg_price)
print("股票的成交量加权平均价格（按收盘价计算）是: ", VWAP)
```

输出结果为：

```
股票的平均价格（按收盘价计算）是: 11.0115
股票的成交量加权平均价格（按收盘价计算）是: 10.768422980338055
```

任务 3：计算股票的简单收益率、对数收益率。

简单收益率指相邻两个价格之间的变化率。

对数收益率指所有价格取对数后两两之间的差值。

numpy.diff() 函数是 NumPy 库中用于计算数组元素之间差异的函数。使用该函数可以计算沿给定轴的第 n 个离散差分。第一次差分由 out[i] = a[i+1] - a[i] 沿着给定轴计算得出，更高的差分通过递归使用 diff() 计算。其语法格式如下：

```
numpy.diff(a, n=1, axis=-1, prepend=<no value>, append=<no value>)
```

参数说明如下。

- a：输入数组。

- n：可选参数，表示值的差异次数，如果为零，则原始输入将保持不变。
- axis：可选参数，表示进行差分的轴，默认是最后一个轴。
- prepend、append：可选参数，表示在进行差分之前沿着轴添加的值。标量值在轴的方向上扩展为具有长度 1 的数组，并且在所有其他轴向上扩展为输入数组的形状。

numpy.log()函数是 NumPy 库中用于逐元素地计算数组元素自然对数的函数。

计算股票的简单收益率和对数收益率的代码如下：

```
the_return = np.diff(close)
log_return = np.diff(np.log(close))
print("股票的简单收益率是："，the_return)
print("股票的对数收益率是："，log_return)
```

输出结果为：

```
股票的简单收益率是： [ 0.59 -0.31 -0.39  0.25  0.01 -0.39  0.73  0.1   0.32  0.49  0.25  0.43  0.
 -0.15  0.02  0.29  1.09 -0.24  0.39]
```

```
股票的对数收益率是： [ 0.05898761 -0.0305593  -0.03982149  0.02570836  0.00101471 -0.04035726
  0.07425881  0.00975617  0.03059512  0.04510659  0.02225281  0.0371533   0.          -0.01280427
  0.00171674  0.0245671   0.08729028 -0.01857639  0.0300138 ]
```

任务 4：计算股票的年波动率和月波动率。

波动率是指金融资产价格的波动程度，是对资产收益率不确定性的衡量，用于反映金融资产的风险水平。波动率越高，金融资产价格的波动越剧烈，资产收益率的不确定性就越强；波动率越低，金融资产价格的波动越平缓，资产收益率的确定性就越强。股票的波动率就是对股票价格波动的一种衡量，波动率越高说明股票波动越明显。

年波动率：对数波动率的标准差除以其均值，再除以交易日倒数的平方根，通常交易日取 250 天。

月波动率：对数波动率的标准差除以其均值，再乘以交易月的平方根，通常交易月取 12 个月。

计算股票年波动率和月波动率的代码如下：

```
# 计算年波动率及月波动率
annual_volatility = log_return.std() / log_return.mean() * np.sqrt(250)
monthly_volatility = log_return.std() / log_return.mean() * np.sqrt(12)
annual_volatility, monthly_volatility
print("股票的年波动率是："，annual_volatility)
print("股票的月波动率是："，monthly_volatility)
```

输出结果为：

```
股票的年波动率是： 34.45147972091315
股票的月波动率是： 7.547941033030367
```

实验 11
Python 机器学习

11.1 随机森林在决策树分类中的应用

11.1.1 实验目的

1. 掌握决策树分类算法的实现流程。
2. 熟悉 Python 决策树分类算法中的随机森林代码分析。

11.1.2 实验任务

1. 引入随机森林模型，绘制一棵决策树。
2. 引入随机森林模型，绘制多棵决策树。

11.1.3 实验解析

决策树的缺点之一就是其预测精度通常不够好。原因在于决策树变化幅度比较大。因此，引入随机森林模型和多棵决策树模型，会生成截然不同的决策树模型，这有助于更好地进行决策。

随机森林是一种包含很多决策树的分类器，它通过构建多棵决策树来融合它们的预测结果，从而提高模型的泛化能力，可以处理分类、回归和降维问题。由于随机森林的数据子集和特征子集是随机选取的，这种随机性使得随机森林能够有效地降低过拟合的风险，对异常值与噪声有很好的容忍性，从而比决策树有着更好的预测和分类性能。

任务 1：引入随机森林模型，绘制一棵决策树。

相应的代码如下：

```
#数据的载入
import pandas as pd
from sklearn import tree
from sklearn import datasets
import matplotlib.pyplot as plt
from sklearn.ensemble import RandomForestClassifier
```

```
from sklearn.model_selection import train_test_split

iris_dataset=datasets.load_iris()
df = pd.DataFrame(iris_dataset.data, columns=iris_dataset.feature_names)
df['target'] = iris_dataset.target
fn=iris_dataset.feature_names
cn=iris_dataset.target_names
#将iris数据集中的数据转换成特征矩阵和目标向量
X = df.loc[:, df.columns != 'target']
y = df.loc[:, 'target'].values

#将iris数据集中的数据拆分成训练集和测试集
X_train, X_test, Y_train, Y_test = train_test_split(X, y, random_state=0)
rf = RandomForestClassifier(n_estimators=100, random_state=0)
rf.fit(X_train, Y_train)    #训练并生成随机森林模型

#设置图形的尺寸和清晰度
fig, axes = plt.subplots(nrows = 1, ncols = 1, figsize = (5,5), dpi=5000)
#绘制一棵决策树
tree.plot_tree(rf.estimators_[0], feature_names = fn,
class_names=cn, filled = True);
```

程序运行结果如图 11-1 所示。

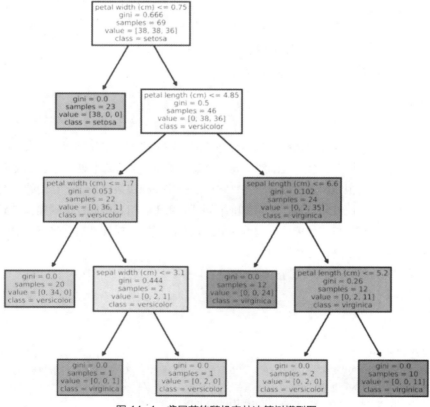

图 11-1 鸢尾花的随机森林决策树模型图

任务 2：引入随机森林模型，绘制多棵决策树。

相应的代码如下：

```
#绘制多棵决策树
fig, axes = plt.subplots(nrows = 1, ncols = 8, figsize = (10, 2), dpi=2000)
for index in range(0, 8):
    tree.plot_tree(rf.estimators_[index],
                   feature_names = fn,
                   class_names=cn,
                   filled = True,
                   ax = axes[index]);
```

程序运行结果略。

11.2　逻辑回归与不同特征组合的分析

11.2.1　实验目的

1．掌握回归算法的实现流程。

2．熟悉 Python 逻辑回归中的代码分析。

3．熟悉 Python 在不同特征组合下的分析。

11.2.2　实验任务

1．引入三分类逻辑回归，利用热力图实现混淆矩阵可视化。

2．引入数据集的不同特征组合，并实现可视化。

3．通过三分类逻辑回归和不同特征组合进行数据集的分析。

11.2.3　实验解析

逻辑回归是一种通过线性模型进行分类的算法。而三分类逻辑回归则是使用"一对多"策略，把问题分解为 3 个二分类子问题，每个子问题将某一个类别作为正类，其余类别作为负类。这样就得到 3 个二分类模型，再由这 3 个模型的输出概率来决定样本的分类。

混淆矩阵也叫作误差矩阵，是表示精度评价的一种标准格式，用 n 行 n 列的矩阵形式来表示。其具体评价指标有总体精度、制图精度、用户精度等，这些指标从不同的侧面比较分类结果和实际值。

任务 1：引入三分类逻辑回归，利用热力图实现混淆矩阵可视化。

相应的代码如下：

```
import pandas as pd
from sklearn import datasets
iris_dataset=datasets.load_iris()

from sklearn import metrics
from sklearn.model_selection import train_test_split
```

```
from sklearn.linear_model import LogisticRegression

iris_target = iris_dataset.target
#给 iris 数据集追加列名
iris_features = pd.DataFrame(data=iris_dataset.data, columns=iris_dataset.feature_names)

#把数据集拆分为训练集和测试集
x_train, x_test, y_train, y_test = train_test_split(iris_features, iris_target)
clf = LogisticRegression()      #创建逻辑回归模型
clf.fit(x_train, y_train)        #训练并生成模型

# 利用 accuracy（精度）评估模型效果
print('The accuracy of the Logistic Regression is:', metrics.accuracy_score(y_train, train_predict))
print('The accuracy of the Logistic Regression is:', metrics.accuracy_score(y_test, test_predict))

# 产生混淆矩阵
confusion_matrix_result = metrics.confusion_matrix(test_predict, y_test)
print('The confusion matrix result:\n', confusion_matrix_result)

# 利用热力图实现可视化
import matplotlib.pyplot as plt
import seaborn as sns
plt.figure(figsize=(8, 6))
sns.heatmap(confusion_matrix_result, annot=True, cmap='Blues')
plt.xlabel('Predicted labels')
plt.ylabel('True labels')
plt.show()
```

利用 accuracy 函数对模型进行训练和测试，各自产生的精度如下：

```
The accuracy of the Logistic Regression is: 0.30357142857142855
The accuracy of the Logistic Regression is: 0.3157894736842105
```

产生的混淆矩阵如下：

```
[[6 5 5]
 [5 2 1]
 [8 2 4]]
```

程序运行结果如图 11-2 所示。

任务 2：引入数据集的不同特征组合，并实现可视化。

相应的代码如下：

```
# 进行浅复制，防止对原始数据的修改
iris_all = iris_features.copy()
iris_all['target'] = iris_target #添加分类的属性

# 进行不同特征与标签组合的散点可视化
# diag_kind='kde' 设置主对角线为正态分布的密度估计图
# hue='target' 设置按照 target 字段进行分类
# kind='reg' 设置散点图中的回归线
sns.pairplot(data=iris_all, diag_kind='kde', hue='target', kind='reg')
plt.show()
```

程序运行结果如图 11-3 所示。

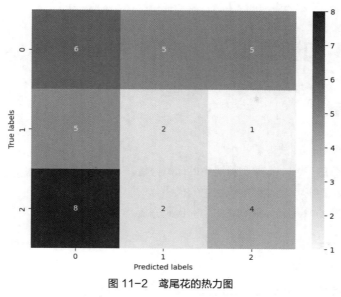

图 11-2　鸢尾花的热力图

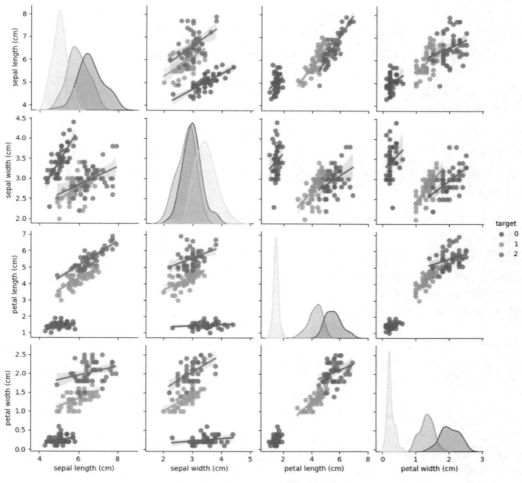

图 11-3　鸢尾花的不同特征组合图

任务 3: 通过三分类逻辑回归和不同特征组合进行数据集的分析。

请读者对图 11-2 和图 11-3 进行比较分析, 找出区别和相同之处。

11.3 不同聚类算法的对比应用

11.3.1 实验目的

1. 掌握聚类算法的实现流程。

2. 熟悉基于划分的 Python 聚类算法中的代码分析。

3. 熟悉基于层次的 Python 聚类算法中的代码分析。

4. 熟悉基于密度的 Python 聚类算法中的代码分析。

11.3.2 实验任务

1. 引入基于划分的 K-Means 算法的代码设计, 并实现其可视化。

2. 引入基于层次的 AGNES 算法(自底向上)的代码设计, 并实现其可视化。

3. 引入基于密度的 DBSCAN 算法的代码设计, 并实现其可视化。

4. 比较基于划分、基于层次、基于密度的 3 种典型聚类算法的异同之处。

11.3.3 实验解析

由于主教材中选择 sepal length (cm)与 sepal width (cm)进行聚类分析, 因此, 在本实验中, 就选择 petal length (cm)和 petal width (cm)进行 3 种不同聚类算法的可视化分析。在这里, 依然采用红、绿、蓝三原色分别显示 setosa (山鸢尾)、versicolor (杂色鸢尾)和 virginica (弗吉尼亚鸢尾)。

任务 1: 引入基于划分的 K-Means 算法的代码设计, 并实现其可视化。

相应的代码如下:

```
import matplotlib.pyplot as plt
from sklearn.cluster import KMeans
from sklearn import datasets
iris_dataset=datasets.load_iris()

X = iris_dataset.data[:, :4]
estimator = KMeans(n_clusters=3)        #构造 K-Means 聚类模型
estimator.fit(X)    #训练并生成聚类模型

label_pred = estimator.labels_   # 获取聚类标签
# 绘制 k-means 结果
x0 = X[label_pred == 0]
x1 = X[label_pred == 1]
x2 = X[label_pred == 2]
```

```
plt.scatter(x0[:, 2], x0[:, 3], c="red", marker='o', label='setosa')
plt.scatter(x1[:, 2], x1[:, 3], c="green", marker='*', label='versicolor')
plt.scatter(x2[:, 2], x2[:, 3], c="blue", marker='+', label='virginica')
plt.xlabel('petal length')
plt.ylabel('petal width')
plt.title("K-Means Clustering")
plt.legend(loc=2)        #图例放置在左上角
plt.show()
```

程序运行结果如图 11-4 所示。

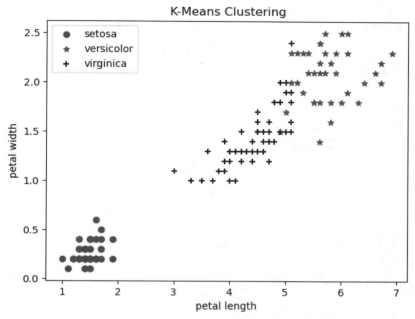

图 11-4　鸢尾花基于划分的 K-Means 聚类模型图

任务 2：引入基于层次的 AGNES 算法（自底向上）的代码设计，并实现其可视化。

相应的代码如下：

```
from sklearn.cluster import AgglomerativeClustering

clustering = AgglomerativeClustering(linkage='ward', n_clusters=3)
res = clustering.fit(iris_dataset.data)

plt.figure()
d0 = iris_dataset.data[clustering.labels_ == 0]
plt.plot(d0[:, 2], d0[:, 3], 'ro', label='setosa')
d1 = iris_dataset.data[clustering.labels_ == 1]
plt.plot(d1[:, 2], d1[:, 3], 'g*', label='versicolor')
d2 = iris_dataset.data[clustering.labels_ == 2]
plt.plot(d2[:, 2], d2[:, 3], 'b+', label='virginica')
plt.xlabel("petal length")
plt.ylabel("petal width")
plt.title("AGNES Clustering")
```

```
plt. legend (loc=2)        #图例放置在左上角
plt. show ()
```

程序运行结果如图 11-5 所示。

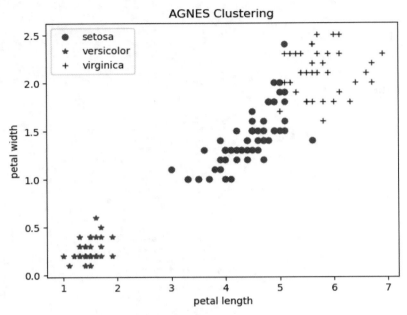

图 11-5   鸢尾花基于层次的 AGNES 聚类模型图

任务 3：引入基于密度的 DBSCAN 算法的代码设计，并实现其可视化。

相应的代码如下：

```
from   sklearn. cluster import DBSCAN

X = iris_dataset. data [:,  :4]
dbscan = DBSCAN (eps=0. 4,  min_samples=9)
dbscan. fit (X)
label_pred = dbscan. labels_

plt. figure ()
d0 = iris_dataset. data [label_pred == 0]
plt. plot (d0 [:,  2],  d0 [:,  3],  'ro',  label='setosa')
d1 = iris_dataset. data [label_pred == 1]
plt. plot (d1 [:,  2],  d1 [:,  3],  'g*',  label='versicolor')
d2 = iris_dataset. data [label_pred == 2]
plt. plot (d2 [:,  2],  d2 [:,  3],  'b+',  label='virginica')
plt. xlabel ('petal length')
plt. ylabel ('petal width')
plt. title ("DBSCAN Clustering")
plt. legend (loc=2)        #图例放置在左上角
plt. show ()
```

程序运行结果如图 11-6 所示。

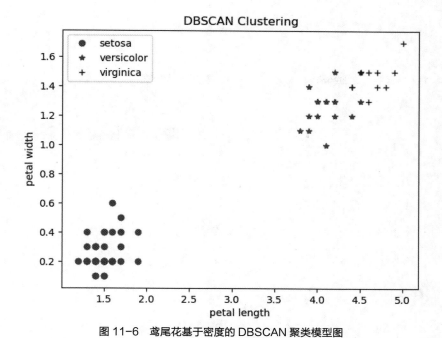

图 11-6　鸢尾花基于密度的 DBSCAN 聚类模型图

任务 4：比较基于划分、基于层次、基于密度的 3 种典型聚类算法的异同之处。
请读者对图 11-4、图 11-5 和图 11-6 进行比较分析，找出区别和相同之处。

第1章
Python 基础应用习题解答

一、选择题

题号	1	2	3	4	5
答案	D	C	B	B	D

二、判断题

题号	1	2	3	4	5
答案	×	√	√	√	×

三、填空题

题号	1	2	3	4	5
答案	验证性数据分析 预测数据分析 文本数据分析	重复值处理	二维绘图	PyInstaller	缩进和对齐

四、简答题

1. 什么是数据分析？数据分析的基本流程一般分为哪几个部分？

答：数据分析是指用适当的统计分析方法对收集的大量数据进行分析，将它们加以汇总和理解并消化，以求最大化地开发数据的功能，发挥数据的作用。数据分析是为了提取有用信息和形成结论而对数据加以详细研究和概括总结的过程。

数据分析的基本流程大致可以分为以下几个部分：

（1）数据采集或获取；

（2）数据预处理；

（3）数据建模和分析；

（4）数据可视化分析；

（5）数据报告生成。

2. 怎样使用 pip 工具安装指定的包？

答：使用 pip 命令安装包：pip install SomePackage==1.0.4。其中，SomePackage 为具体的包名称。

3．怎样使用 PyInstaller 生成 .exe 文件？

答：使用 PyInstaller 十分简单，先在命令行中找到要打包的 .py 文件目录，再使用如下命令，就会生成可执行文件（.exe 文件）。

```
pyinstaller -F <文件名.py>
```

五、上机实验题

1．编写一个 Python 程序，输出当前计算机系统的日期和时间。

代码如下：

```
from datetime import datetime
# 获取当前日期和时间
now = datetime.now()
# 输出当前日期和时间
print(now.strftime('%Y-%m-%d %H:%M:%S'))
```

2．编写一个 Python 程序，把输入的 3 个整数 x、y、z 由小到大输出。

代码如下：

```
x = int(input("请输入第一个整数: "))
y = int(input("请输入第二个整数: "))
z = int(input("请输入第三个整数: "))
if x > y:
    x, y = y, x
if x > z:
    x, z = z, x
if y > z:
    y, z = z, y
print("从小到大输出为: ", x, y, z)
```

第 2 章
基本数据类型习题解答

一、选择题

题号	1	2	3	4	5	6	7	8	9	10
答案	D	C	B	B	C	B	C	C	A	D

二、判断题

题号	1	2	3	4	5
答案	×	√	×	×	√

三、填空题

题号	1	2	3	4	5
答案	ello	\n	123	9	bc

四、简答题

1. 将下列数学表达式写成 Python 表达式。

$$\frac{12.35}{8.9/3.65}$$

答：12.35/(8.9/3.65)。

代码如下：

```
print(12.35/(8.9/3.65))
```

结果为：

```
5.064887640449438
```

2. 求 Python 表达式的值：3.5+(8/2*round(3.5+6.7)/2)%3。

答：

代码如下：

```
print(3.5+(8/2*round(3.5+6.7)/2)%3)
```

结果为：

```
5.5
```

3. 写出判断整数 x 能否同时被 3 和 5 整除的 Python 表达式。

答：x%3==0 and x%5==0。

第 **3** 章
程序的控制结构习题解答

一、选择题

题号	1	2	3	4	5
答案	C	C	A	A	C

二、判断题

题号	1	2	3	4	5
答案	√	×	√	√	×

三、填空题

题号	1	2	3	4	5
答案	缩进	break	break	20	异常处理

四、简答题

1. Python 的程序控制结构主要包括几种结构？

答：Python 的程序控制结构主要包括顺序结构、选择结构（分支结构）和循环结构。

2. Python 程序选择结构有哪几种形式？

答：Python 程序选择结构有单分支选择结构、二分支选择结构、多分支选择结构 3 种形式。

3. for 循环语句和 while 循环语句有什么异同？

答：for 循环语句主要用于次数确定的循环，while 循环语句主要用于条件确定的循环。如果使用计时器，while 循环语句也可以统计循环次数。

4. 关于 try-except，哪些类型的异常是可以被捕获的？

答：系统定义的异常如下。

BaseException：所有异常的基类，父类。

Exception：常规错误的基类。

StandardError：所有的内建标准异常的基类。

ImportError：导入模块错误。

ArithmeticError：所有数值计算错误的基类。

FloatingPointError：浮点计算错误。

AssertionError：断言语句失败。

AttributeError：对象没有这个属性。

Warning：警告的基类警告类。

第 **4** 章
函数习题解答

一、选择题

题号	1	2	3	4
答案	D	A	B	B

二、判断题

题号	1	2	3	4	5	6	7
答案	√	√	√	×	√	×	√

三、填空题

题号	1	2	3	4
答案	lambda	def	global	程序调用

四、简答题

1．在 Python 中如何定义函数？编写函数有什么意义？

答：定义一个函数要使用 def 语句，语法格式如下。

```
def 函数名(参数 1, 参数 2, ..., 参数 n):
函数体（语句块）
    return 返回值
```

函数是用来实现特定功能的、可重复使用的代码段，是用于构建更大、更复杂程序的部件。在 Python 中，使用函数可以提高代码复用性、降低编程复杂度、减少代码冗余，从而提高程序编写的效率。

2．根据作用域的不同可将变量分为哪两类？

答：根据作用域的不同可将变量分为局部变量和全局变量。

3．什么是递归？

答：递归指的是函数直接或间接地调用自身以进行循环的方式。使用递归的关键在于将问题分解为更为简单的子问题。递归不能无限制地调用本身，否则会耗尽资源，最终必须以一个或多个基本实例（非递归状况）结束。

第 5 章

组合数据类型习题解答

一、选择题

题号	1	2	3	4	5	6
答案	C	A	D	B	C	D

二、判断题

题号	1	2	3	4	5	6	7	8	9
答案	√	√	×	√	√	×	√	√	√

三、填空题

题号	1	2	3	4	5
答案	在 ls 最后增加一个元素	[0, 9]	pip install jieba	jieba. lcut (strs, cut_all=True)	Y

四、简答题

1．Python 的组合数据类型分为哪 3 类?

答: Python 的组合数据类型分为 3 类, 即序列类型, 包括字符串、列表和元组; 集合类型; 映射类型, 主要以字典 (dict) 体现。

2．Python 中添加列表中的元素有哪几种函数?

答: ①append (), 该函数用于在列表的末尾添加一个元素; ②extend (), 该函数用于将一个可迭代对象 (如另一个列表、元组、字符串等) 的所有元素依次添加到当前列表的末尾; ③insert (), 该函数能够在指定的索引位置插入一个元素, 需要提供两个参数, 第一个是索引位置, 第二个是要插入的元素。

3．元组和列表的差异是什么?

答: 在 Python 中, 元组与列表相似, 不同之处在于元组的元素不能修改, 而列表的元素可以修改, 元组使用圆括号 "( )", 列表使用方括号 "[ ]"。列表的访问、连接和复制等操作都可以用于元组。

4．在 Python 中字典数据结构如何定义？

答：Python 中字典数据结构可以存储任意类型的对象。字典由键和值组成，字典中所有键和值均要放在花括号"{}"里面，键与值之间通过冒号"："分隔，而键值对之间则通过逗号"，"分隔，其格式为：d={key1: value1, key2: value2, key3: value3}。

第 6 章
Python 文件操作习题解答

一、选择题

题号	1	2	3	4	5
答案	A	B	A	D	C

二、判断题

题号	1	2	3	4	5	6
答案	√	√	√	√	√	√

三、填空题

题号	1	2	3	4	5	6	7
答案	当前工作目录	根目录	\n	C:\bacon\eggs spam.txt	os	open()	csv

四、简答题

1. read()和 readlines()函数的区别是什么?

答: read()函数用于读入整个文件内容,并将文件的全部内容作为一个字符串返回。readlines()函数返回一个字符串列表,其中每个字符串是文件内容中的一行。

2. 可以传递给 open()函数的访问模式参数值有哪些?

答: 可以传递给 open()函数的访问模式参数值有: w、r、a、x、t、b、+。

3. 如果已有的文件以写模式打开,会发生什么?

答: 如果已有的文件以写模式打开,则会覆盖原文件的所有内容。

第7章

pandas 数据分析习题解答

一、选择题

题号	1	2	3	4	5	6	7	8	9	10
答案	D	A	D	C	C	B	D	D	A	C

二、判断题

题号	1	2	3	4	5
答案	×	√	×	√	√

三、填空题

题号	1	2	3	4	5
答案	Series DataFrame	import pandas as pd	axis	set_index() reset_index()	是否修改原数据

四、简答题

1. 如何创建一个 DataFrame?

答：可以通过字典、列表、文件导入等不同方式创建 DataFrame。

2. 如何导入和导出 Excel 文件?

答：可以使用 pandas. read_excel() 函数来导入 Excel 文件，使用 DataFrame. to_excel() 函数将数据导出到 Excel 文件。

3. 要组合两个 DataFrame, 可以用哪些函数?

答：使用 pandas. concat() 函数，沿着一条轴将两个 DataFrame 堆叠到一起；使用 pandas. merge() 函数，根据指定的列（或索引）将两个 DataFrame 合并；使用 DataFrame. _append() 函数，将一个 DataFrame 添加到另一个 DataFrame 的末尾。

4. 可以使用哪些函数对 DataFrame 进行排序?

答：可以使用 sort_values() 函数按值排序，使用 sort_index() 函数按索引排序。

5. 在数据预处理阶段，pandas 提供了哪些函数对缺失值进行处理? 可能对分析结果产生何种影响？

答：缺失值处理常用函数有两种，一种是使用 DataFrame.dropna() 函数删除缺失值，另一种是使用 DataFrame.fillna() 函数填充缺失值。删除缺失值可能会导致信息的丢失，填充缺失值能保留更多的数据信息，但可能会给结果带来一定的偏差。

第**8**章
Python 时间序列分析习题解答

一、选择题

题号	1	2	3	4	5
答案	C	D	C	A	A

二、判断题

题号	1	2	3	4	5	6
答案	√	×	×	√	×	√

三、填空题

题号	1	2	3	4
答案	datetime	时间戳	索引	1～9999 的整数

四、简答题

1．如何利用 datetime 库实现对一个程序的运行时间计时？

答：分别获取程序运行前的时间和程序结束后的时间，二者相减即可得到程序的运行时间。

方法一：使用 datetime 对象的时间进行计算，程序示例如下。

```
from datetime import datetime
start_time = datetime.now()
#程序运行开始
……
#程序运行结束
end_time= datetime.now()
print("程序运行时间: ", end_time-start_time)
```

方法二：使用时间戳计算，程序示例如下。

```
import time
start_time = time.time()
#程序运行开始
……
```

```
#程序运行结束
end_time= time.time()
print("程序运行时间: ", end_time-start_time)
```

2.使用 datetime 库是否可以实现自己生日的多种日期输出格式？请尝试设计并输出不少于 6 种的日期格式。

答：使用 datetime 库的 strftime()函数，指定该函数的第二个参数中%Y、%m、%d、%B 和 %b 的格式和顺序就可以实现输出不同的日期格式。

程序示例：

```
#假设生日是 2022 年 11 月 17 日
from datetime import datetime
birthday=datetime(2022, 11, 17)
print(datetime.strftime(birthday, "%Y 年%m 月%d 日"))
print(datetime.strftime(birthday, "%Y-%m-%d"))
print(datetime.strftime(birthday, "（%Y 年）（%m 月）（%d 日）"))
print(datetime.strftime(birthday, "%m 月-%d 日: %Y 年"))
print(datetime.strftime(birthday, "（%Y）: %m-%d"))
print(datetime.strftime(birthday, "%B%d:%Y"))
```

3．请计算两个日期之间的天数差，日期分别为"2023-03-01"和"2023-03-15"。

程序示例一：

```
from datetime import datetime
date1 = datetime.strptime("2023-03-01", "%Y-%m-%d")
date2 = datetime.strptime("2023-03-15", "%Y-%m-%d")
delta = date2 - date1
print(delta)    # 输出: 14
```

程序示例二：

```
from datetime import datetime
date1 = datetime(2023, 3, 1)
date2 = datetime(2023, 3, 15)
delta = date2 - date1
print(delta)    # 输出: 14
```

第 9 章
Python 可视化分析习题解答

一、选择题

题号	1	2	3	4	5
答案	B	C	A	A	B

二、判断题

题号	1	2	3	4	5
答案	√	√	×	√	√

三、填空题

题号	1	2	3	4	5
答案	Matplotlib	柱状	pie()	pyecharts	全局配置

四、简答题

1．简述散点图、折线图、柱状图和饼图的作用。

答：散点图可用于比较跨类别的数据，折线图适合查看因变量随着自变量改变的趋势，柱状图能直观地展示数据分布情况，饼图用于表示不同分类的占比情况。

2．简述 pyecharts 中绘制柱状图的几种方式，并举例说明。

答：Bar()函数支持绘制普通柱状图、并列柱状图、堆叠柱状图和水平直方图。举例略。

3．简述 pyecharts 中全局配置、系列配置。

答：全局配置通过 set_global_opts()函数进行设置，可以修改图表的默认配置，例如主题、大小、宽度和高度等；系列配置通过 set_series_opts()函数进行设置，用于控制每个系列的图表样式和数据，例如线条样式、柱状图颜色、标签格式等。

第 10 章
NumPy 科学计算习题解答

一、选择题

题号	1	2	3	4	5
答案	A	C	B	B	A

二、判断题

题号	1	2	3	4	5	6	7	8	9	10
答案	√	√	√	×	×	×	×	√	×	√

三、填空题

题号	1	2	3	4
答案	numpy. arange ()	numpy. mean ()	flatten () 或 ravel ()	T 属性
题号	5	6	7	8
答案	shape	numpy. random. randint (3, 4)	dtype	numpy. ones ()

四、简答题

1. 请简述 NumPy 数组和 Python 列表的主要区别。

答：NumPy 数组和 Python 列表主要有以下区别。

（1）数据类型：Python 列表中的元素可以是不同的数据类型，例如一个列表中可以同时包含整数、浮点数、字符串等。NumPy 数组中的元素数据类型必须相同。例如，如果创建一个 ndarray 并指定数据类型为整数，那么数组中的所有元素都必须是整数。

（2）性能：NumPy 数组在科学计算和数值运算中效率更高，尤其是在大规模数据的处理和运算中。这是因为 NumPy 数组底层使用优化过的 C 语言实现，并且可以利用向量化操作。Python 列表在处理小规模数据和数据类型多样化的场景时比较灵活，但在涉及大量数值运算时性能较差。

（3）功能和操作：NumPy 提供了丰富的函数和方法用于数组的操作，例如数学运算、线性代数运算、索引、切片、形状变换等。Python 列表虽然也有一些基本的操作方法，但在数值运算和数据处理方面的功能相对较少。例如，对于两个 NumPy 数组，可以直接进行逐元素的数学运算。而对于 Python 列表，需要通过循环来实现类似的操作。

（4）内存占用：NumPy 数组由于数据类型统一，在内存中更加紧凑和连续，有利于提高数据访问和处理的速度。Python 列表中的每个元素都需要存储额外的类型信息和引用信息，因此内存占用相对较大。

2．创建一个 10×10 的 ndarray 对象，且矩阵边界全为 1，里面全为 0。

答：以下是使用 NumPy 创建一个 10×10 的 ndarray 对象，且矩阵边界全为 1，里面全为 0 的代码。

```
import numpy as np
# 创建一个 10×10 的全 0 矩阵
matrix = np.zeros((10, 10))
# 将矩阵的边界设置为 1
matrix[0, :] = 1  # 第一行
matrix[-1, :] = 1  # 最后一行
matrix[:, 0] = 1  # 第一列
matrix[:, -1] = 1  # 最后一列
print(matrix)
```

3．创建 [1, 2, 4, 8, 16, 32, 64, 128, 256, 512, 1024] 的等比数列。

答：以下是使用 NumPy 创建等比数列的代码。

```
import numpy as np
# 使用 np.geomspace() 函数创建等比数列，起始值为 1，终止值为 1024，项数为 11
sequence = np.geomspace(1, 1024, 11)
print(sequence)
```

4．根据第 3 列大小顺序来对一个 5×5 矩阵排序。

答：以下是使用 NumPy 根据矩阵第 3 列的大小顺序对一个 5×5 矩阵进行排序的代码。

```
import numpy as np
# 生成一个 5×5 的示例矩阵
matrix = np.random.randint(1, 100, size=(5, 5))
# 获取第 3 列数据
column_3 = matrix[:, 2]
# 对第 3 列数据排序后的索引
sorted_indices = np.argsort(column_3)
# 根据索引对原始矩阵进行排序
sorted_matrix = matrix[sorted_indices]
print("原始矩阵: \n", matrix)
print("排序后的矩阵: \n", sorted_matrix)
```

5．创建一个值域范围为 20 到 59 的向量。

答：以下是使用 NumPy 创建一个值域范围为 20 到 59 的向量的代码。

```
import numpy as np
vector = np.arange(20, 60)
print(vector)
```

第 **11** 章
Python 机器学习习题解答

一、选择题

题号	1	2	3	4	5
答案	C	D	A	B	A

二、判断题

题号	1	2	3	4	5
答案	√	×	√	×	√

三、填空题

题号	1	2	3	4	5
答案	叶子	增益率	相似	不确定	误差

四、简答题

1. 机器学习的算法有哪些类型?

答：从学习方式来说，机器学习算法主要分为 3 类：监督学习、无监督学习和半监督学习。监督学习有分类（输出类别标签）和回归（输出连续值）两大类算法；无监督学习有聚类、关联和降维三大类算法；半监督学习结合了监督学习和无监督学习的优势，可以发挥很好的作用。

2. 决策树算法的优缺点是什么?

解答如下。

优点：

① 简单、直观，可解释性强，生成的规则直观可见，易于理解和解释；

② 能够处理混合数据类型，包括连续型和离散型特征；

③ 适用于多种任务，包括分类、回归、特征选择等；

④ 可扩展性好，能够与其他算法结合提高预测性能。

缺点：

① 在处理复杂数据集时容易过拟合；

② 对于类别数量较多的特征，决策树倾向于选择类别数较多的特征进行划分；

③ 不稳定性高，输入数据的小变化可能会导致树结构的大变化；

④ 在处理连续型数据时可能产生过于复杂的树结构，需要进行剪枝等操作来降低模型复杂度。

3．线性回归算法的优缺点是什么？

解答如下。

优点：

① 理解直观，能够通过正则化来降低过拟合的风险；

② 容易使用随机梯度下降和新的数据来更新模型权重。

缺点：

① 变量是非线性时表现不佳；

② 对于多项式的使用很耗时。

4．逻辑回归算法的优缺点是什么？

解答如下。

优点：

① 实现简单；

② 计算成本不高，易于理解和实现；

③ 能便利地观测样本概率分数。

缺点：

① 容易欠拟合，一般准确度不太高；

② 对于非线性特征，需要进行转换；

③ 不能很好地处理大量多类特征或变量。